研究生案例教学用书

炼钢过程典型案例分析

朱 荣　张延玲　编著

U0341694

北　京

冶 金 工 业 出 版 社

2017

内 容 提 要

本书为研究生案例教学用书之一。全书分为上、下两篇。上篇介绍当今钢铁冶金行业的主要炼钢工艺技术，包括：转炉高效冶炼、电炉炼钢节能技术、钢的炉外精炼与炼钢除尘技术。下篇介绍特殊钢冶炼，围绕不锈钢、管线钢、轴承钢和汽车板四种钢种，对其性能和用途、冶炼原理及技术及冶炼工艺进行了详细介绍。本书注重实践与经典案例相结合，既具有一定的理论性，又有具有较强的实用性和指导性。

本书可作为高等院校冶金工程相关专业的全日制研究生及工程硕士的教学用书，也可作为钢铁企业工程技术人员的参考用书。

图书在版编目(CIP)数据

炼钢过程典型案例分析/朱荣，张延玲编著. —北京：冶金工业出版社，2017.7
研究生案例教学用书
ISBN 978-7-5024-7499-7

Ⅰ.①炼⋯ Ⅱ.①朱⋯ ②张⋯ Ⅲ.①炼钢学—研究生—教材 Ⅳ.①TF7

中国版本图书馆 CIP 数据核字（2017）第 098927 号

出 版 人　谭学余
地　　址　北京市东城区嵩祝院北巷 39 号　邮编　100009　电话　(010)64027926
网　　址　www.cnmip.com.cn　电子信箱　yjcbs@ cnmip.com.cn
责任编辑　常国平　美术编辑　彭子赫　版式设计　孙跃红
责任校对　卿文春　责任印制　李玉山
ISBN 978-7-5024-7499-7
冶金工业出版社出版发行；各地新华书店经销；三河市双峰印刷装订有限公司印刷
2017 年 7 月第 1 版，2017 年 7 月第 1 次印刷
787mm×1092mm　1/16；10.25 印张；247 千字；155 页
43.00 元
冶金工业出版社　投稿电话　(010)64027932　投稿信箱　tougao@cnmip.com.cn
冶金工业出版社营销中心　电话　(010)64044283　传真　(010)64027893
冶金书店　地址　北京市东四西大街46 号(100010)　电话　(010)65289081(兼传真)
冶金工业出版社天猫旗舰店　yjgycbs.tmall.com
（本书如有印装质量问题，本社营销中心负责退换）

前　言

研究生教育注重理论与实践并重，当今冶金学科教育的基础理论知识体系相对完善，本书旨在进一步拓宽在校研究生对当今冶金行业的具体冶炼流程及工艺的认识，提高学生将来在相关岗位上的实践能力，加深在校研究生对冶金学科理论知识的深入理解。

本书分上、下两篇。上篇为炼钢工艺技术典型案例分析，由朱荣教授编写，介绍了钢铁行业关注度较高的转炉高效冶炼、电炉炼钢节能技术、钢的炉外精炼与炼钢除尘技术四个方面，并分析比较了新工艺技术在各钢铁企业的应用效果。下篇为典型钢种冶炼案例分析，由张延玲教授编写，内容涵盖了特殊钢领域极具代表性的不锈钢、管线钢、轴承钢和汽车板四种钢种，并对这四种钢种的各自特点及冶炼工艺进行了详细介绍。本书以现有钢铁企业实际生产应用为基础，对最新技术的应用状况和使用效果进行了分析比较。本书不仅可以作为在校研究生教材，还可以作为钢铁企业工程技术人员的参考资料，供技术交流使用。

参与本书编写及校稿的人员还有刘洋、李文双、庞宗旭、安卓卿、王云、郭文明、田冬东、姚柳洁、刘崇等，在此表示衷心的感谢！

由于作者水平所限，书中如有疏漏、不妥之处，敬请读者批评、指正。

作　者
2017 年 5 月

目　　录

上篇　炼钢工艺技术典型案例分析

下篇　典型钢种冶炼案例分析

上 篇

炼钢工艺技术
典型案例分析

1　转炉高效化冶炼技术

转炉炼钢作为目前最主要的炼钢方法，其技术上的进步对我国炼钢生产的发展有着巨大的推动作用。针对传统的转炉生产工艺存在冶炼周期及设备维护时间较长的问题，本章致力于研究转炉高效冶炼技术，使转炉冶炼周期与连铸周期相匹配，改善各项经济指标，提高生产率。转炉高效冶炼是缩短冶炼时间、加快生产节奏、提高转炉作业率、充分发挥转炉生产能力、提高钢产量的有效手段。本章主要介绍了转炉强化供氧技术和高效脱磷技术。

1.1　转炉炼钢技术进展

1856 年，英国人 H. Bessemer 发明了酸性底吹转炉炼钢法，开启了转炉炼钢的先河，由于贝氏转炉对铁水中硫、磷等有害杂质去除困难，只能在生产高品位矿石的地方实施，目前已不再采用；1878 年，Thomas 发明了碱性底吹转炉炼钢法，以碱性耐火材料砌筑炉衬，加石灰造渣，能够有效地去除铁水中的硫磷等杂质，但存在钢水中氮含量高、钢的加工性能差的缺点；由于制氧技术的限制，氧气炼钢一直难以实现，直至 20 世纪 20 年代进行了富氧鼓风试验，取得了良好的冶金效果，但存在炉底风眼侵蚀严重等问题，进而发展了采用 CO_2+O_2 或 $CO_2+O_2+H_2O$ 等混合气体进行试验，但效果不理想，此外也进行了侧吹转炉炼钢的试验，为后来转炉炼钢技术的发展奠定了基础；第二次世界大战以后，由于氧气分离技术的进步，可获得大量廉价的氧气，极大地促进了氧气顶吹转炉的发展，直至 1952 年和 1953 年奥地利钢铁公司在 Linz 和 Donawiz 建成了氧气顶吹转炉并投入工业生产，标志着炼钢工艺取得了革命性的进展，此后，世界钢产量迅速增长，氧气转炉炼钢法成为最主要的炼钢法；20 世纪 70 年代，转炉顶底复合吹炼技术兴起与发展，该技术综合了顶吹及底吹转炉炼钢法的优势。这些方法可以高效地生产低硫、低磷及低氮等的高品质钢。LD 法、底吹纯氧转炉法及顶底复合吹氧法目前已成为世界上最主要的转炉炼钢法，转炉炼钢产量占炼钢总产量的 70% 左右。随着技术的进步，转炉已逐步实现大型化，生产控制水平不断提高，高效低成本冶炼技术不断发展[1~4]。

由于社会对钢材质量及价格的要求日益增高，炼钢技术重点体现在长寿高效、计算机全自动控制及高洁净钢系统生产技术方面。长寿命炉衬技术的发展，特别是溅渣护炉技术的开发与应用，使转炉寿命提高到 1 万~2 万炉次以上，不仅可以大大降低耐火材料的消耗，更重要的是改变传统"三吹二"、"二吹一"模式，大大提高转炉利用率，实现转炉高效化生产。在科学控制炼钢的基础上，成熟应用静态模型、副枪及动态模型，加之吹炼过程防喷溅动态枪位、加料控制以及终点磷、硫预报快速出钢技术，使转炉炼钢实现全过程自动控制，终点碳、温双命中率可稳定保持在 90% 以上，同时能降低终点钢水氧含量，为转炉高效低成本生产打下良好基础。由于提高钢的洁净度可以明显改善钢材性能，因此洁净钢的需求日趋扩大，然而洁净钢不能单纯依靠某一工序的技术改进而获得，因而

"分阶段精炼"的洁净钢系统技术得到迅速发展，形成了新的能大规模廉价生产洁净钢的生产体系，典型的"分阶段精炼"流程为：铁水"三脱"—转炉少渣冶炼—多功能炉外精炼—连铸保护浇铸和中间包冶金[5]，如图 1-1 所示。

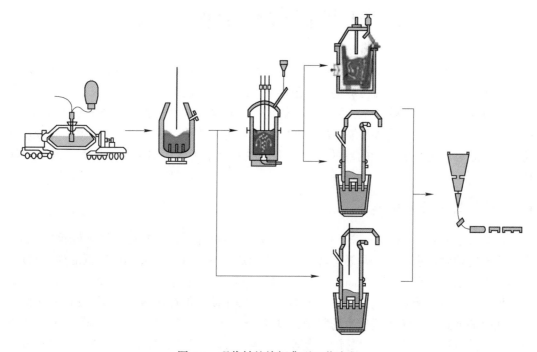

图 1-1　现代转炉炼钢典型工艺流程

1.2　转炉强化供氧技术

缩短转炉熔炼时间需要缩短供氧时间，因此，必须改善供氧强度和操作工艺。同时，要缩短出钢时间，改善挡渣工艺，以实现转炉的高效冶炼。在氧气转炉炼钢过程中，研究射流与熔池的相互作用，对于了解转炉的工作原理及指导生产具有重要的意义。

氧枪是氧气炼钢的供氧主要设备。氧枪性能的优劣直接影响钢产品的产量、质量、品种、原料消耗及成本等主要技术经济指标。而氧枪对吹炼的影响则是通过氧气射流流股与熔池的相互作用来实现的。因此关键在于研究氧气射流的性能特征，即射流的衰减及其分布。随着转炉大型化的发展，氧枪喷头经历了单孔向多孔的发展过程，孔型由直筒型向拉瓦尔型及螺旋型发展。

因为拉瓦尔孔型具有比较高的射流速度，所以氧枪喷头一般都采用拉瓦尔孔型。为了便于制作扩张段，均简化为圆锥形。除通常单孔氧枪，也出现了"突扩"、"旋转"等特殊孔型。为提高炉内二次燃烧水平，开发了双流氧枪，它可分为下列 4 种结构形式：（1）双流道氧枪。氧枪为四层管结构，主氧流和副氧流可以单独控制。（2）双流道双层氧枪。主氧流和副氧流虽然不能单独控制，但因结构简单，具有双流氧枪二次燃烧的优点。（3）分流氧枪。主氧流和副氧流不能单独控制，结构简单，具有双流氧枪二次燃烧的优点。（4）分流双层氧枪。主氧流和副氧流分布于两层平面，但不能单独控制[6~10]。

1.2.1　氧枪喷头的设计

氧枪由喷头、枪身和尾部三部分组成。喷头常用紫铜材质，可由锻造紫铜经机加工或铸造等方法制成。枪身由无缝钢管做成的三层套管组成。枪尾可以是铸成的，也可以是加工成型的[11]。尾部结构应该方便输氧管、进水和出水软管同氧枪的连接，保证三层套管之间密封及水流的畅通，以及便于吊装氧枪。设计氧枪的工作主要包括：喷头设计、水冷系统设计、枪身和尾部结构系统设计。其中喷头是氧枪的核心部分，所以喷头的设计是关键。一个好的喷头设计必须解决喷孔孔型、尺寸和个数；必须恰当控制水流和合理选择钢壁厚度，从而使喷头既有良好的氧气射流特性，又有高的耐用性。

喷头起到能量转换器的作用，它将氧气管道中的压力能转化为动能，并通过氧气射流完成对熔池的搅拌作用，与此同时氧气射流的参数主要由喷头参数所决定[12~15]。典型氧枪喷头示意图如图 1-2 所示。

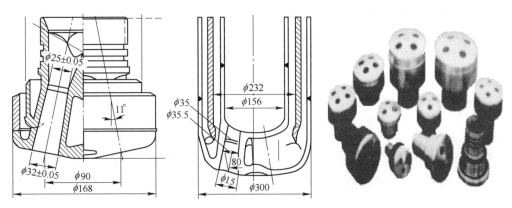

图 1-2　典型氧枪喷头示意图

1.2.1.1　喷头设计的主要要求

（1）在一定的操作氧压和枪位条件下，为吹炼提供所需的供氧强度，使氧气射流获得较大的动能，以达到合适的穿透深度，对熔池搅拌均匀的同时又不致引起较大的喷溅。为此，要求正确设计工况氧压和喷孔的形状、尺寸，并要求氧气射流沿轴线的衰减应尽可能慢。

（2）在合适的枪位下，氧气射流在熔池面上要形成合理的反应区，保证熔池反应均匀，对炉衬侵蚀小且均匀。尤其对多孔喷枪，要求各股氧气射流到达熔池面上时不汇合，能形成多个反应区。

（3）氧枪喷头寿命要长，为此要求喷头的结构合理、简单，氧气射流沿着氧枪轴线不出现负压区和过强的湍流运动。

1.2.1.2　喷头主要参数的计算与确定

（1）氧气流量，指单位时间内向熔池供氧的数量，其单位是 m^3/min（标态）。它是根据吹炼每吨金属的耗氧量、金属装入量和供氧时间来决定的。

氧气流量是氧枪设计的重要参数。当操作氧压选定后，喷头的喉口面积就取决于流量。氧气流量计算公式为：

$$氧气流量 = \frac{每吨钢耗氧量 \times 出钢量}{吹氧时间}$$

吹氧时间一般为 12~20min，小容量转炉取下限。

供氧强度：指单位时间每吨金属的供氧量，其单位是 $m^3/(t \cdot min)$（标态）。

每吨金属所需氧量可以根据铁水成分、废钢比、所炼钢种、渣量、渣中 FeO 含量、矿石或铁皮加入量等已知条件由物料平衡计算得出。标准状态下，一般每吨金属实际耗氧量为 50~60m^3。每吨钢耗氧量，若用低磷铁水约为 45~55m^3左右，采用高磷铁水为 60~69m^3左右，若用经预处理的铁水，则可选取低限值。供氧时间是根据经验确定的。它与炉子容量、原料条件、冶炼钢种、造渣制度等因素有关。国内 90 t 转炉采用三孔喷枪，供氧时间一般为 18~20min，供氧强度为 3.0~4.0$m^3/(t \cdot min)$。总的来讲，顶吹氧气转炉炼钢的氧气流量和供氧强度，主要决定于喷溅情况，一般控制在基本上不产生喷溅的前提下尽量加大供氧强度来缩短冶炼时间。

（2）喷头的孔数。除小容量转炉采用单孔喷头外，现在转炉皆用多孔喷头，现有 3、4、5 孔等。由于多孔喷头变集中供氧为分散供氧，增大了氧射流同熔池的冲击面积，取得了显著的吹炼效果。但是，与单孔喷头相比，多孔喷头氧射流衰减较快，吹炼枪位较低，从而对喷头的冷却要求更高，结构更复杂。

（3）喷头出口处马赫数（Ma）与设计工况氧压。设计工况氧压又称理论氧压，它是指喷头进口处的氧气压力，它近似等于滞止氧压 p_0（绝对压力）。因为现场氧气测压点一般在快速切断阀之前，从此处至喷头前还有压力损失，测量难度较大，因此就难以保证设计工况氧压的精确度。目前国内一些小型转炉工况压力为 0.75~0.8MPa，一些大型转炉则为 0.85~1.1MPa[16]。

马赫数 Ma 是喷头设计的又一重要参数。Ma 值和设计工况氧压 p_0 与出口压力 p 的比值（p/p_0）有确定的函数关系，而 p 值基本不变，因此 p_0 的选取实质上就是马赫数 Ma 的选取。随着 Ma 值的增大，喷头出口氧气射流速度 v 要提高。从提高转炉熔池的搅拌力出发，希望选取更高的 Ma，然而 p_0 也要相应提高，当 $Ma>2$ 以后，氧气射流出口速度 v 的增加变慢，而 p_0 提高更快，这在经济上是不合适的。目前国内外氧枪喷头出口马赫数多选取 2.0 左右，在总管氧压允许的条件下，也有选取 2.1~2.3 的。选好 p_0 后一般是将炉役期的最低操作氧压定为设计氧压来进行喷头设计。根据实验数据，当操作氧压低于设计工况氧压（负偏离）10%，或不超过设计工况氧压（正偏离）50% 时，产生的激波或膨胀波都不严重。一般测压点的压力可以偏离设计工况压力的 20% 左右。

（4）炉膛压力。喷头出口的环境压力对氧枪喷头来讲是指炉膛压力，它与喷头射流的出口压力的差异决定了氧气出口后的流动状态，所以炉膛压力也是喷头设计的重要参数之一。在吹炼的过程中喷头周围的情况是复杂的，炉膛压力也随之变化，其影响还需专门研究。另外转炉容量不同，炉膛压力也稍有差异。根据实测数据，一般炉膛压力高于当地大气压 1~2kPa。为了使氧气射流的展开和速度衰减变慢，一般应选取喷头出口压力等于炉膛压力。

（5）喷孔夹角和喷孔间距。多孔喷头的喷孔夹角是指喷孔几何中心线和喷头中轴线之间的夹角，它是多孔喷头设计的重要参数之一。氧气射流沿喷孔向外喷射过程中，多股射流之间发生相互卷吸而使射流向中心偏移。每股射流在同熔池作用处的最大冲击力点和喷头中轴线之间的距离称为冲击半径，其大小主要决定于喷孔夹角和枪位，同时也受马赫数、氧压、喷孔间距的影响。生产实践表明：冲击半径 $R_冲$ 和熔池的半径 $R_熔$ 之比（称为循环比 $R_比$）是对转炉冶炼有重要影响的参数之一，因为它影响着熔池的循环运动。多孔

喷头要求 $R_比$ = 0.1~0.2，中小型转炉 $R_比$ = 0.1~0.15。选取 $R_比$ 时还应参考熔池深度与熔池直径的比值大小，该比值大，则 $R_比$ 可小些，反之则 $R_比$ 大些。随着喷头孔数的增加，喷孔夹角应增大，它们之间的关系参考表 1-1。

表 1-1 多孔喷头的孔数与喷孔夹角之间的关系

孔 数	3	4	5	>5
夹角/(°)	9~11	10~13	13~15	15~17

喷孔间距（$d_间$）是指喷头出口中心线与喷头中轴线之间的距离，它对射流之间的相互作用也产生很大影响。其值大小常用喷孔分散度 m（$m=d_间/d_出$）来表示。如果喷孔间距过小，会增大氧气射流之间的吸引程度。从降低喷孔之间的氧气射流汇交趋势的角度考虑，增大喷孔间距同增大喷孔夹角是一致的。因此，喷头设计时原则上应尽可能增大喷孔间距，而不应轻易增大喷孔夹角，但是增大喷孔间距又往往受喷头尺寸的限制。

根据三孔喷头的冷态测定实验表明，在喷头端面，当喷孔分散度 $m=0.8~1.0$ 时，不会对氧气射流的速度衰减产生明显的影响。

（6）喷孔端面形状。对于单孔喷头，其端面呈平面。对于多孔喷头由于每个喷孔与喷头中轴线呈一定夹角，如果整个喷头端面形状是平面，则每个喷孔出口断面将呈斜面形状，斜口超声速喷管射流处的边界条件是不对称的，这时射流流态必然受到边界几何条件的影响，产生射流沿斜口管壁流动的复杂情况。因此，喷头端面应设计成与喷头轴线的垂直平面相交的夹角圆锥面，而其夹角正相当于喷孔夹角，这样喷孔便成为正口拉瓦尔喷管。为了改善锥面受热情况，若喷头中心线处未设喷孔，可用一个垂直于喷头中心线的小平面代替尖锥顶较为合适。

（7）喷孔的形状。现代转炉顶吹氧枪基本上都用拉瓦尔管来获得超声速，它由收缩段、喉口和扩张段三部分组成。设计一个气动特性良好的超声速喷管需要进行大量的计算，而且喷管内形是一个复杂的曲面，其喉口又是收缩段和扩张段曲面相接的一个面，其长度趋于零，加工比较困难。氧气喷孔的主要作用是将压力能转换为动能，使获得的氧气射流对熔池有较大的冲击能力。因此，要对喷管的设计进行简化，使喷管呈圆锥形，也便于加工制造。实践证明，这样做是可以满足冶炼要求的。圆锥形喷管的收缩段的半锥角可允许达到 30° 左右，收缩段入口处的直径一般希望大于喉口直径的两倍。若半锥角为 30° 时，则收缩段长度约相当于喉口直径的一倍。圆锥形喷管的喉口有一定的长度，其等截面长度应尽量短，一般取为 2~10mm。而且要求收缩段和扩张段与喉口直径成圆滑连接，不要出现棱角。这种喷管加工容易，可保证喉口尺寸精确。圆锥形喷管扩张段的半锥角一般为 4°~6°，根据喉口直径选定半锥角后便可算出扩张段长度。

1.2.2 氧气射流研究

本节将从自由射流的角度描述了超声速射流结构，然而，转炉炉膛内部是一个复杂的高温多相体系，炉膛内氧气射流特性有别于理论的自由射流。氧气经氧枪喷头喷出，形成氧气射流，经过高温炉气冲击熔池，带动熔池运动，并发生化学反应。

转炉炼钢中通常采用高压氧气从多孔拉瓦尔型喷头喷出到自由空间内（炉膛直径与射流直径相比大得多，可近似认为是自由射流），马赫数在 1.0~2.2 之间，是超声速湍流射流。超声速射流结构如图 1-3 所示，可简单划分为三个区域，即势能核心区、超声速区、亚声速区。在势能核心区，各点速度都等于射流出口速度，也称等速段。在射流边界上，由于黏性作用射流与周围介质发生湍流混合，进行能量交换而减速，随着射流向前运动，达到一定距离后，射流中心轴线上的速度恰好等于声速，即马赫数 $Ma = 1$。在此点以前的区域，包括等速段，构成了射流的超声速区。在超声速区域内，各点速度大于声速，边界上等于声速。超声速区的轴线长度大约是喷嘴出口直径的 6 倍。超声速区以外为亚声速区。

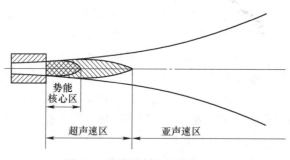

势能
核心区

超声速区　　　　亚声速区

图 1-3　超声速射流结构示意图

射流具有抽引周围介质进入其内部的能力，结果使射流质量增加、宽度加大，射流本身速度逐渐减小，最后消失在周围介质中。对于多孔喷头，每股射流在靠近氧枪喷头轴线的那一侧，都要从喷头轴线的同一区域"抽吸"空气，这样就使多股射流之间的区域内压力下降，从而倾向于使射流发生相互牵引，表现出各股射流中心线向氧枪轴线偏移，偏转的程度与喷孔夹角、喷孔间距、马赫数等有关。

氧气射流经过高温炉气冲击熔池，引起熔池运动，并发生化学反应。氧气射流与金属熔池和炉渣间的相互作用，决定了转炉炼钢冶炼工艺的反应特征，如各元素的氧化速率、氧化放热、金属和炉渣的氧化性、造渣、炉气成分等，也影响到金属和炉渣的喷溅程度，进而影响金属收得率。

转炉吹炼过程中的大部分时间内（除吹炼开始和终了时期外），氧气射流与熔池的相互作用如图 1-4 所示。

图 1-4 在一定程度上反映了顶吹转炉内氧气射流与熔池相互作用的特点和炉内运动的状况。氧气射流冲击在熔池表面上，当被冲击的区域表面所受到的冲击力超过了冲击区以外熔池表面所受到的压力时，就会在熔池表面形成凹坑，氧气射流的冲击和 CO 气泡上浮的联合作用，使金属熔池产生强烈的搅拌。显然，凹坑的形状和深度取决于射流到达熔池表面处的速度分布。图 1-5 所示数值模拟结果显示，氧气射流冲击熔池使渣层与钢液产生运动，氧气射流因熔池影响，速度迅速减小，流动方向发生改变，此过程实现了氧气射流与熔池间的动量、能量传递。同时上层流动速度较高的钢液流受到炉壁和下层速度较低的钢液影响，流速与流向也发生改变。

1.2.3　转炉强化供氧技术典型案例分析

转炉高效吹氧技术的关键是选择合理的喷头参数、制定正确的供氧、造渣制度。其技术特点是既缩短转炉吹氧时间提高钢产量，又能适当改善转炉的其他技术经济指标。

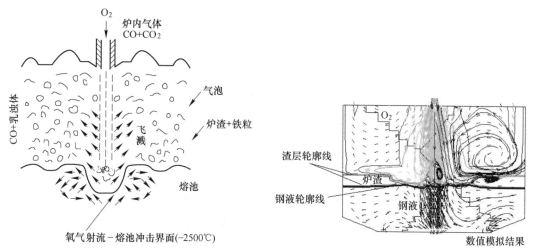

图1-4 氧气射流与熔池相互作用的示意图   图1-5 氧气射流与熔池相互作用数值模拟结果示意图

以包钢强化供氧优化设计[17]为例进行说明，包钢新旧氧枪喷头设计参数对比见表1-2。

表1-2 包钢新旧氧枪喷头设计参数对比

孔　型	喉口直径/mm	出口直径/mm	中心夹角/(°)	马赫数	设计流量/m³·h⁻¹	工作氧压/MPa
5孔拉瓦尔（旧）	29.2	37.93	12.5	2.00	18500	0.9
5孔拉瓦尔（新）	32.6	43.3	12.5	2.05	22770	0.95

冶炼工艺的调整：

随着氧枪喷头参数的调整，冶炼过程与以前相比发生了变化，炉内炉渣变化较快，所以为适应这种变化，稳定操作，需要进行造渣工艺的调整。炉内炉渣的变化与氧枪的枪位、流量和渣量加入时机等有关系。

（1）氧枪的吹炼枪位。喷枪枪位高度是吹炼工艺的一个重要参数，确定枪位主要考虑两个因素：一是使氧气流股有一定的冲击面积，二是要使流股对金属熔池有一定的冲击深度。合适的喷枪高度对冶炼的过程和结果起到至关重要的作用。结合理论计算枪位，经过一段时间摸索，确定合理的枪位；降低了渣中的TFe含量。

（2）造渣料加入的时间。炼钢能有效地去除磷，是因为其具有良好性能的炉渣。氧枪喷头改造后，有利于总供氧时间的缩短，相应地冶炼后期的时间也缩短，所以全部炉料入炉所经历的总时长相对于之前至少缩短1min。从拉碳倒渣过程中可以看出，氧枪喷头改造前炉内时常会出现生料（未熔化的石灰）未完全熔化的现象，但将渣料提前加入炉内以后，观察发现转炉内基本不存在生料。如此一来，对于转炉炼钢而言，在相同的炉渣碱度情况下，更有利于铁水脱除磷、硫等元素。

（3）提高一次拉碳命中率。某厂120t转炉冶炼采用一次拉碳法，2012年一次拉碳出钢率为74.9%，在装入量提高后，供氧强度提高到3.3m³/(min·t)以后，转炉冶炼过程火焰变化与以前不一样，转炉一次拉碳出钢率降低到了67.8%，一次拉碳出钢率降低，直接影响到了转炉的产量。通过加强操作人员的理论知识和操作技能培训，转炉一次拉碳成功率有了显著提高。

供氧优化后结果见表 1-3。

表 1-3　供氧优化后 120t 转炉产量比较

年　份	上半年	全　年
2012		2170907.39
2013	1130328	2314952.03
2014	1215774	
2013 与 2012 比较		144044.64
2014 与 2013 比较	85445.73	

供氧时间从 17min 将降至 14~15min，冶炼周期从 40min 缩短到 35min，产量增加了 15 万吨。

1.3　转炉高效脱磷技术

磷对于绝大多数钢种是有害元素，磷偏聚在晶界上会降低钢的低温韧性和引起回火脆性，磷还降低钢的力学性能、抗裂纹性、不锈钢的抗腐蚀性。炼钢过程中，磷既可以被氧化也可以被还原，出钢时有一定的回磷现象，因此炼钢过程中脱磷的是一项重要而又复杂的过程。

"双渣"或"多渣"法冶炼是近些年较为流行的脱磷工艺，但是该工艺在冶炼过程中需要倒渣，增加铁损，增加生产成本。"双联法"是比较先进的方法，但是由于炼钢厂条件限制，很多企业无法实现。在钢铁市场持续低迷的大环境下，为降低生产成本，在综合考虑铁水预处理和"双联法"脱磷的基础上，希望在转炉内将磷含量控制在合理的水平，迫切需要找到一条符合生产实际的、稳定高效的转炉脱磷工艺，满足钢材生产的需要。

1.3.1　转炉脱磷原理

1.3.1.1　脱磷热力学原理

脱磷反应是在钢-渣界面进行的，按炉渣分子理论的观点，由下列反应组成：

$$5(FeO) \Longrightarrow 5[O] + 5[Fe]$$
$$2[P] + 5[O] \Longrightarrow (P_2O_5)$$
$$(P_2O_5) + 4(CaO) \Longrightarrow (4CaO \cdot P_2O_5)$$

即　　$$2[P] + 5(FeO) + 4(CaO) \Longrightarrow (4CaO \cdot P_2O_5) + 5[Fe]$$

$$\lg K = \lg \frac{a_{4CaO \cdot P_2O_5}}{[\%P]^2 a_{FeO}^5 a_{CaO}^4} = \frac{(\%4CaO \cdot P_2O_5) r_{4CaO \cdot P_2O_5}}{[P]^2 f_P^2 [\%FeO]^5 r_{FeO}^5 (\%CaO)^4 \cdot r_{CaO}^4}$$

$$= \frac{40067}{T} - 15.06$$

为了分析方便，以脱磷的分配比表示炉渣脱磷能力：

$$L_P = \frac{\%P_2O_5}{[\%P]^2} = K(FeO)^5 (\%CaO)^4 c \frac{r_{FeO}^5 r_{CaO}^5}{r_{4CaO \cdot P_2O_5}}$$

可见，要提高炉渣脱磷能力，必须增大 K、（FeO）、（%CaO）、f_P，降低 $r_{4CaO \cdot P_2O_5}$。影响这些因素的有关工艺参数，进而影响钢中磷的分配。

由上可得出脱磷的条件：

（1）温度。脱磷反应是强放热反应，温度升高 K 值减小，所以低温有利于脱磷反应的进行。但是在炉内低温很难获得高碱度的渣，而提高温度，虽然会降低磷的分配比，但是也可以降低炉渣黏度、增加炉渣流动性，并且加速石灰的溶解，有利于磷在钢-渣间的转移。

（2）碱度。CaO 具有较强的脱磷能力，可生成在炼钢温度下稳定存在的磷酸钙，CaO 是使 $r_{4CaO \cdot P_2O_5}$ 降低的主要因素，增加渣中 CaO 可增大其活度，获得高碱度、高氧化铁溶渣，会使渣中 $4CaO \cdot P_2O_5$ 提高，可增大磷分配比。因此，从这个角度出发，提高炉渣碱度可大大提高脱磷效率。但加入量过大，炉渣的黏度增加，导致炉渣流动性减弱，影响脱磷反应在钢-渣间的进行，从而降低脱磷效率。

（3）（FeO）。（FeO）对磷的作用比较复杂，在脱磷过程中起双重作用。当（FeO）低时，（CaO）不能很好地熔化；当（FeO）过高时，会稀释炉渣，脱磷效果就不好。

1.3.1.2 脱磷动力学原理

热力学解决某一化学反应能否发生和能够进行到什么程度，即反应进行的极限。而动力学则描述了通过什么方式，经过多长时间能够达到热力学所给出的极限。因此，通过改善动力学传质条件，可以加快渣-金间脱磷反应达到平衡。一般认为，磷在铁液中是表面活性物质，磷的存在可以大大降低铁液同炉渣的相界面张力，而且在界面上磷较易富集；氧也是典型的表面活性物质，容易在表面富集，这就促进了 O^{2-} 同磷原子的逐步结合，最后形成 PO_4^{3-} 复合阴离子，产生的 PO_4^{3-} 可直接转入渣中，而无需生成新相，因此，脱磷反应进行较快。

脱磷反应动力学研究是从固体 CaO 同钢液脱磷反应开始的。Masumitsu 等人研究了固体氧化钙坩埚同钢液脱磷反应时影响脱磷速度的因素[18]，1600℃时，在石灰坩埚内熔化 Fe-P 和 Fe-C-P 合金，气氛分别为 H_2O-H_2-Ar、Ar-O_2、H_2O-Ar 混合气体，研究了脱磷速度与气相氧分压和气体流量的相互关系。结果表明脱磷反应的进行是迅速的，供氧为限制性环节。Aratani 等人认为在当时试验条件下，脱磷反应可归纳为[19]：

（1）反应初期，熔铁中氧含量低，脱磷速度慢，气相向熔铁供氧是脱磷反应的限制性环节；

（2）反应中期，熔铁氧含量不断增加并达到一定值，脱磷速度不断加快达到一定值，随着氧含量达到较高值，供氧和磷的传递同样重要；

（3）反应后期，钢中磷含量降低，随之脱磷速度也降低，脱磷生成物在固体氧化物侧传递是限制性环节，脱磷反应趋于平衡；

（4）脱磷速度随气相氧分压及气体流量的增大而增大，供氧速度小，磷、氧关系接近平衡线；供氧速度大，金属中的氧含量高出平衡值 0.06%~0.09%。

1.3.1.3 磷与其他元素选择性氧化问题

（1）碳与磷选择性氧化。

$$2[P] + 5CO \Longrightarrow 5[C] + P_2O_5 \quad \Delta G^\ominus = -642832 + 735.89T$$

$$\frac{[\%P]^2}{[\%C]^5} = K \frac{a_{P_2O_5}}{p_{CO}^5}$$

在标准状态下转化温度约为 1500K，在此温度以下即低温条件下，[P] 先于 [C] 氧化，而高于此温度，则 [P] 的氧化受到抑制，而 [C] 大量氧化。在温度及 p_{CO} 一定时，使 [P] 优先于 [C] 氧化的条件是降低活度 $a_{P_2O_5}$。因此，在铁水预处理或炼钢过程中及时造好能使 $a_{P_2O_5}$ 降低的高碱度、高氧化铁的熔渣是 [P] 先于 [C] 或同时被氧化的条件。当这种渣及时形成时，磷和碳同时氧化，或比碳优先氧化，否则碳先于磷氧化。

（2）硅和磷的选择性氧化。由氧势图 1-6 得出，铁水中磷与氧的亲和力比硅与氧的亲和力要弱，在炼钢过程中，磷被氧化时发生以下反应：

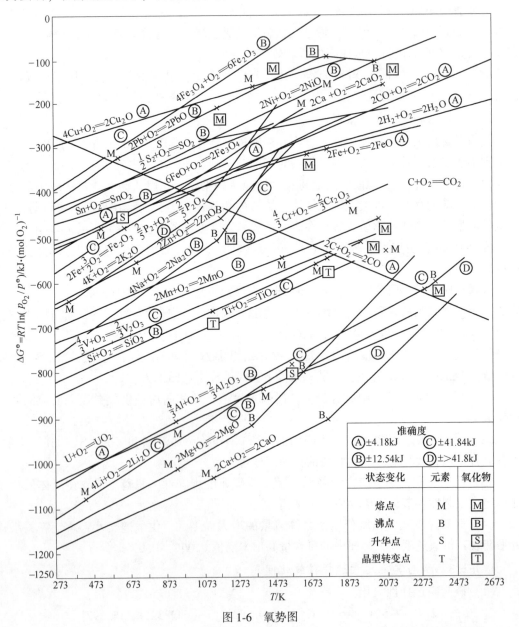

图 1-6　氧势图

$$[Si] + 2[O] \Longrightarrow (SiO_2)$$

$$2[P] + 5[O] \Longrightarrow (P_2O_5)$$

$$5[Si] + 2(P_2O_5) \Longrightarrow 4[P] + 5(SiO_2) \qquad G^{\ominus} = -318471 - 20.04T$$

由此发现，脱磷前必须要进行脱硅处理，如果铁水中硅含量较高，并且脱磷前不进行预脱硅处理，根据上述反应式，当加入富氧脱磷剂时，根据优先氧化原理，脱磷剂中的氧先与硅发生反应，磷的氧化被铁水中硅含量抑制，生成大量的 SiO_2，降低炉渣碱度，从而影响脱磷剂的脱磷效率。所以高炉铁水进行脱磷处理之前必须对铁水进行预脱硅处理。

1.3.2　转炉双联工艺

1983 年，日本神户制钢的铁水脱磷、脱硫预处理就已投入使用。这种方法的处理步骤如下：首先在高炉出铁沟用喷吹法对铁水脱硅，产生的脱硅渣用撇渣器去除；随后铁水被装入预处理炉内进行脱磷、脱硫处理。脱磷时喷吹石灰系渣料，同时顶吹氧气，脱磷后喷入苏打灰系渣料进行脱硫处理，最后送入转炉内脱碳。由于这种方法脱磷稳定性差、渣不易清除干净、成本相对较高，目前已被多数企业弃用。

转炉双联法冶炼是转炉炼钢一项新工艺。该工艺 20 世纪 90 年代在日本住友金属和歌山厂、川崎制铁水岛厂、NKK 福山厂以及新日铁室兰厂等采用。

转炉双联法工艺日本住友和歌山厂称 SRP 法、新日铁室兰厂称 ID-ORP 法、NKK 福山厂称 LD-NRP 法，其操作方式都是采用两座转炉双联作业，一座转炉进行铁水脱磷操作，称为脱磷炉，另一座转炉接收来自脱磷炉的低磷铁水进行脱碳操作，该转炉称为脱碳炉。也就是将铁水脱磷和脱碳分开由两座转炉来完成，有别于传统上在一座转炉内既要完成铁水脱磷又要完成脱碳。图 1-7 所示为典型的双联法工艺流程图，流程为高炉铁水—铁水脱硫预处理—转炉脱磷—转炉脱碳—炉外精炼—连铸。新日铁名古屋厂于 1989 年 12 月开始在转炉内进行铁水的脱硅、脱磷、脱碳处理（LD-ORP）。该工艺可省略预脱硅步骤，且全流程产生的渣量可减少 25%。其实质和住友金属的 SRP 精炼工艺相似，该厂 98% 的铁水利用此工艺进行处理。采用此工艺可生产磷含量小于 0.005% ~ 0.01% 的优质钢。该工艺除了可回收利用脱碳炉渣、降低熔剂消耗外，同时还可以增加 6% 的废钢比。

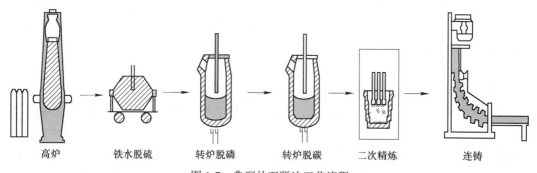

图 1-7　典型的双联法工艺流程

转炉双联法冶炼工艺核心技术为转炉法铁水脱磷、转炉顶底复吹和少渣冶炼技术。

1989 年 12 月，新日铁名古屋厂开始在转炉内进行铁水的"三脱"预处理（LD-ORP）。处理过程分为两步：把 $CaCO_3$ 从转炉底部吹入铁水中脱硅、脱磷，以增强搅拌能力，促进脱磷，脱硫剂则用 Na_2CO_3 复合 CaO。

1995 年 3 月，NKK 福山厂的第三炼钢厂将转炉改造为脱碳、脱磷兼用炉，在高炉经过脱硅的铁水被送入转炉型的脱磷炉后，加入块状造渣料，在复吹的条件下进行脱磷操作。福山第三炼钢厂原设置有 2 座 300t 顶底复吹转炉，为了使铁水脱磷比率增加到接近 100%，于 1995 年采用转炉脱磷工艺，工艺参数见表 1-4。

表 1-4 福山第三炼钢厂转炉铁水脱磷工艺参数

项 目	$w[Si]/\%$	$w[P]/\%$	铁水温度 /℃	顶吹气体流量（标态） $/m^3 \cdot h^{-1}$	底吹气体
处理前	≤0.2	平均 0.1	1280~1350	—	—
处理后	很低	0.01	1350	10000~30000	N_2

两座转炉分别在炉役前后半期进行脱碳炼钢（大约 4000 炉），炉役前后期作为脱磷炉，两座转炉交替使用，炉衬寿命约为 8000 炉。由于采用低磷铁水使转炉吹炼时间缩短约 3min。此外，通过少渣冶炼，使转炉终点控制得到改善。几乎可实现无取样直接出钢，这样，出钢到出钢的周期从 29min 降为 25min，减少 4min。从而提高了单座转炉炼钢生产能力，降低了生产成本。福山厂二、三炼钢厂均采用单座转炉进行炼钢操作，每月钢产量达 70 余万吨。

1999 年 3 月和歌山厂新建 2 座 210t 顶底复吹转炉，采用 SRP 工艺。兑入转炉铁水 $w[Si]$ 为 0.4%，经脱磷后铁水 $w[P]$ 降至 0.01%。当冶炼低磷钢时，一般脱磷后铁水中 $w[P]$ 降至 0.01%~0.02%；一般钢种脱磷后铁水磷含量控制在 0.03%~0.05%。脱磷转炉氧耗 $13m^3/t$；脱碳转炉氧耗 $45m^3/t$。转炉脱磷后出的成品，采用挡渣，因此进入钢包中渣量较少，不需扒渣；但对冶炼 $w[P]<0.01\%$ 的钢种需进行扒渣。脱磷渣碱度控制在 2.0~2.7，考虑冶炼钢种，温度越低，脱磷率越好，温度目标值一般控制在 1350℃。

和歌山厂新建转炉车间配置有带顶枪并带喷吹的 RH 装置（RH-PB），经 RH-PB 处理可将钢中硫降低至 5×10^{-6} 以下、氮降至 15×10^{-6} 以下；同时将钢中碳、磷、氧含量降到极低水平，从而实现超纯净钢生产的最佳工艺[20~31]。

宝山钢铁集团公司从 2002 年开始了 BRP（Baosteel BOF Refining Process）宝钢转炉脱磷-脱碳冶炼工艺的自主开发[32,33]。经过一年多的生产实践，宝钢已采用 BRP 工艺生产了低磷和极低磷钢种，脱磷炉停吹磷含量大幅度下降，产品的磷含量降低、质量提高，而且已形成大批量生产的能力。

在转炉脱磷-脱碳双联法冶炼工艺中，两座复吹转炉中的一座作为脱磷炉，进行铁水脱磷预处理操作；另外一座作为脱碳炉，接收来自脱磷炉的低磷铁水进行脱碳、升温。脱碳炉产生的炉渣还可以作为脱磷炉的脱磷剂，从而减少了石灰消耗，达到稳定而快速的精炼效果。用此工艺，在转炉内脱磷的平均吹炼时间约为 11min，平均磷含量低于 0.01%，最低可达到 0.003%。比在鱼雷罐车中脱磷的效果好、脱磷能力强。而且用此方法大大减少了渣量，可以实行少渣冶炼，大大节省了造渣剂的用量，减少了铁损以及钢水收得率，经济效益提高。

此外，德国蒂森公司利用终点前加强底吹搅拌可生产钢中磷含量低于 0.006% 的深冲钢。法国索拉克钢厂利用底吹喷石灰粉法生产深冲钢（马口铁）和重轨钢[34]，产品质量在国际领先。日本的川崎制铁水岛厂、新日铁室兰厂以及韩国浦项光阳厂等均已采用了转炉脱磷工艺进行大规模生产。

1.3.3　转炉高效脱磷技术典型案例分析

通过研究炼钢实际生产过程中铁水磷含量及磷形态的变化，应用转炉高效脱磷技术，采取了留渣和预热石灰的炼钢操作方法，达到了去磷保碳的目的，取得了良好的经济效果[35]。

1.3.3.1　生产工艺及冶炼难点

（1）生产流程。莱钢炼钢厂目前的生产工艺流程如图1-8所示。

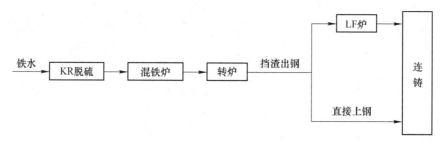

图1-8　莱钢炼钢厂生产工艺流程

（2）铁水条件。莱钢炼钢铁水成分见表1-5。

表1-5　莱钢炼钢铁水条件

$w[C]/\%$	$w[Si]/\%$	$w[Mn]/\%$	$w[P]/\%$	$w[S]/\%$	温度/℃
4.01~4.43	0.22~0.93	0.12~0.45	0.090~0.210	<0.045	1210~1290

（3）钢种要求。目前70%钢种冶炼要求磷含量控制在0.040%以下，部分窄带及H型钢要求磷控制在0.035%以下，个别钢种甚至要求控制在0.025%以下。

（4）冶炼难点。部分磷高炉次伴随着硅高，冶炼前期升温快、热量较富余，给脱磷带来较大压力，导致前期脱磷率不高。到了冶炼中后期，由于此时温度足够高，碳氧反应较为剧烈，炉渣中的FeO大量减少。随着渣中FeO的进一步减少，炉渣体系便进入多相区，沉淀出 $2CaO \cdot SiO_2$、$3CaO \cdot SiO_2$ 及 CaO 等固相颗粒，炉渣黏度增大，造成不同程度的"返干"现象。CaO 的减少导致 P_2O_5 重新进入钢水中，即出现"回磷"现象。冶炼后期温度升高，使得 K_p 降低，也导致了部分回磷。

1.3.3.2　预热石灰全留渣高效脱磷技术

针对以上影响因素及控制难点，通过优化单元操作，创造脱磷有利条件，以"前期强化脱磷，中后期控制回磷"为原则，最终实现生产出洁净钢水的目的，采取的措施如下：

（1）冶炼前期控制。遵循"前期早化渣，强化去磷"的原则。转炉冶炼前期是脱磷的黄金期，但前期化渣速度慢和渣中FeO含量低是脱磷反应的限制性环节。而转炉终点渣的特点是碱度高、温度高并且有一定的全铁含量和氧化锰含量，这些特点恰好是前期造渣需要的。采取全留渣+石灰预热的方式，既可大幅提高转炉前期成渣速度，又提高了炉渣碱度和渣中 FeO 含量，为转炉在前期脱磷创造了良好条件。冶炼前期由于 Si、Mn 快速反应，导致升温较快，对于部分 Si 较高炉次，要及时补加冷料，适当延长"低温期"以保证脱磷的充分进行。低温条件下主要是利用 FeO 的氧化性，此时磷在渣中以 $3FeO \cdot P_2O_5$ 的形式存在。

全留渣就是溅渣结束后不进行倒渣操作，将前一炉冶炼完毕的炉渣保留，减少了热量损失。为防止渣中磷含量过高造成回磷量过大，规定连续留渣 5 炉后，将炉渣倒掉，重新留渣。

石灰预热就是在溅渣临近结束时将部分石灰（通常为 500kg 左右）加入炉内，再进行加废钢和兑铁作业。这样在冶炼开始时，这部分石灰已经或部分熔化，能够大幅提高前期成渣速度，也增加了前期渣的碱度。

（2）冶炼中期控制。遵循"全程化渣，避免返干，持续脱磷"的原则。吹炼中期炉温不断升高，石灰基本已经融化，炉渣碱度逐步提高，此时渣中的 $3FeO \cdot P_2O_5$ 持续反应生成高熔点化合物 $3CaO \cdot P_2O_5$。此阶段 Si、Mn 氧化基本结束，碳氧反应不断加速，是整个冶炼过程的主要脱碳阶段。由于碳氧反应产生大量的 CO 气泡，CO 气泡从炉内溢出的过程中带走部分炉渣，易产生喷溅，喷溅导致渣中 FeO 减少，FeO 减少改变了渣系平衡，导致 $2CaO \cdot SiO_2$、$3CaO \cdot SiO_2$ 及 CaO 等固相颗粒的析出，炉渣黏度增大，造成不同程度的"返干"。FeO 的减少使得炉渣中的 $3FeO \cdot P_2O_5$ 中的 P_2O_5 重新进入钢水中，即回磷的出现。而 CaO 等固相颗粒的析出，导致炉渣碱度的降低，炉渣中已形成的 $3CaO \cdot P_2O_5$ 不再平衡，部分 P_2O_5 回到钢水中，进一步加剧了回磷。因此在出现溢渣前兆时开始补充渣中的 FeO，FeO 的加入以少批量、多批次为主，以保证整个渣系不出现大的波动。冶炼中期如果温度上升过快同样会造成喷溅的产生，少批量、多批次的 FeO 加入，也可以保证熔池温度的均匀上升。

（3）冶炼后期控制。后期遵循"去磷保碳"的原则。这是冶炼螺纹钢及其他高碳钢最为关键的一步，吹炼的最后阶段，[P] 含量比较低，脱磷的速度明显降低，如果这时炉温过高，易造成回磷，终点因枪位过低和压枪过早，会造成化渣不良，同样会导致回磷。

（4）出钢回磷的控制。

1）制造不同大小的挡渣塞以满足出钢口不同时期使用，同时加强对出钢口的维护，确保挡好一次渣，避免大炉口下渣进入钢包。

2）改进挡渣球投放方式，原有人工投放因力度、位置等造成投放位置随意性较大，改为机器投放后可准确控制投放位置，确保及时挡住渣，避免下渣。

3）降低放钢温度。采用专炉供专机，缩短钢水在钢包内的停留时间。

4）冶炼低磷钢时在放钢过程中随钢流加入 200kg 由石灰、萤石等构成的合成渣以减弱炉渣的反应能力。

1.3.3.3　应用效果

通过对整个冶炼过程 [P] 的变化过程的理论分析及操作实践，冶炼脱磷率得到了有效提高，"保碳低磷"出钢的技术经济指标也有了明显改善。

（1）留渣操作使石灰消耗得到了显著下降，由原来的 56kg/t 钢降低到 50.2kg/t 钢，白云石的消耗由原来的 10.5kg/t 钢降低到 6.8kg/t 钢。稳定的渣料加入量，促进了操作标准化的推进，转炉反应平稳，过程升温均匀，减少了喷溅，喷溅渣量由原来的 49.3kg/t 钢降低到 38.4kg/t 钢，炉渣流动性良好，满足了溅渣护炉的要求。

（2）实现了保碳低磷出钢，节约了合金用量、碳粉及脱氧剂用量。转炉终点碳由项目实施前的 0.09% 提高到 0.12%，节约碳粉消耗 0.35kg/t 钢。通过合金消耗和终点锰含量测算，终点残锰提高 0.025%，合金回收率提高约 1.5%，节约合金 0.55kg/t 钢，脱氧剂消耗减少 0.2kg/t 钢。转炉冶炼平均终点磷降低到 0.024%，脱磷率达到 85.18%，能够满足目前的中高磷铁水冶炼要求。

（3）挡渣效果明显提高，下渣量大幅减少。通过新型挡渣器的投入使用，转炉挡渣成功率由 80% 提高到 95%，钢包渣厚由 100 mm 降低到 60 mm，有效减少因下渣导致的钢包回磷量。挡渣器用量由炉均 2.6 个降低到炉均 1.3 个，减轻了劳动强度。

参 考 文 献

[1] 万谷志郎. 钢铁冶炼 [M]. 李宏，译. 北京：冶金工业出版社，2001.

[2] AISE Technical Report. Design and maintenance of basic oxygen furnaces [J]. Pittsburgh：Association of Iron and Steel Engineers，1996 (32).

[3] Chen E S，Lautensleger R W，Brezny B. Thermomechanical analysis of a 22-ton BOF vessel [J]. Iron and Steel Engineer，1993，70 (11)：43~51.

[4] 王新华. 钢铁冶金炼钢学 [M]. 北京：高等教育出版社，2007.

[5] 余志祥. 现代转炉炼钢技术 [J]. 炼钢，2001，17 (1)：13~18.

[6] 刘志昌. 氧枪 [M]. 北京：冶金工业出版社，2008.

[7] 赵荣玖. 国外氧枪设计剖析 [J]. 钢铁，1992 (2)：22~27.

[8] 黄仁祥. 提高水冷氧枪喷头的寿命 [J]. 氧枪文集，1986 (1)：119~122.

[9] 王守经. 13 吨顶吹氧气转炉氧枪中心水冷铸造喷头试验总结 [J]. 氧枪文集，1986 (1)：132~137.

[10] 本钢第二炼钢厂. 铸造中心水冷四孔曲线壁氧枪喷头试验研究 [J]. 氧枪文集，1986 (1)：140~145.

[11] 佩尔克. 氧气顶吹转炉炼钢（上册）[M]. 邵象华，译. 北京：冶金工业出版社，1980：53~55.

[12] 吴凤林，蔡扶时. 顶吹转炉氧枪设计 [M]. 北京：冶金工业出版社，1982 (8)：4~6.

[13] 赵国柱. 三孔螺旋喷头在 6 吨转炉上的实验与应用 [J]. 氧枪文集，1986 (1)：63~69.

[14] 氧枪设计. 张一中论文选（美国白瑞公司）. 1987：29~40.

[15] 蔡志鹏. 顶吹氧气转炉氧枪设计 [J]. 氧枪文集，1986 (1)：30~39.

[16] 张岩，张红文. 氧气转炉炼钢工艺与设备 [M]. 北京：冶金工业出版社，2010：53~55.

[17] 赵明泉，赵鑫，王强. 包钢炼钢厂转炉高效化生产实践 [J]. 包钢科技，2011，37 (4)：8~10.

[18] Masumitsu N，Ito K，Fruehan R J. Thermadynamics of Ca-CaF$_2$ and Ca-CaCl$_2$ system for the dephosphorization of steel [J]. Metallurgical Transaction B，1988，19 (14)：643-648.

[19] Aratani F，Sanbongi K. Kinetic study of dephosphorization of liquid Fe with solid CaO [J]. Tetsu-to-Hgane，1972，58 (9)：1217-1224.

[20] 吕铭，胡滨，王学新，等. 双联炼钢法的研究与实践 [J]. 炼钢，2010，26 (3)：8~10.

[21] 苏天森. 对美国钢铁工业的考察与思考 [C]//第九届全国炼钢学术会议，1996：96~103.

[22] Charles J. SlagSplashingintheBOF-wordWideStatus Practices and Reasults [J]. IronandSteelEngineer，

1996 (5): 17.

[23] 王庆祥, 等. 提高渣-铁脱磷反应效果的理论分析 [J]. 钢铁研究, 2001 (5): 21~23.

[24] 小川雄司, 等. 在转炉上进行连续脱磷脱碳处理工艺的开发 [J]. 世界钢铁, 2001 (6): 44~51.

[25] 王承宽, 等. 铁水脱磷技术的发展概况 [J]. 炼钢, 2001 (18): 48~49.

[26] 何林潮. 铁水预处理的发展 [M]. 武汉: 武汉钢铁公司科学技术研究所, 1985: 213.

[27] Matsuo T, Yoshida K. Development of New Hot Metal Dephosphorization Process in Topand Bottom Blowing Converter [J]. Detroit USA, 1990: 52~55.

[28] 李远洲. 氧气转炉吹炼前期的最佳化脱磷工艺基础 [J]. 化工冶金, 1994 (2): 15.

[29] 孙礼明. 转炉双联法冶炼工艺及其特点 [J]. 上海金属, 2005, 27 (2): 44~46.

[30] 邵世杰. 转炉双联法冶炼技术实践 [J]. 宝钢技术, 2005 (4): 5~7.

[31] Ohnishi H T. Takagiand T. Ogura. Pretreatment Technique of Hot Metal by Newly Developed RefiningFurnace [J]. KobeRes. Dev, 1986, 36 (1): 9~13.

[32] Kitamura S Y, Yonezawa K, Ogawa Y. et al. Improvement of Reaction Efficiency in Hot Metal Dephosphorisation [J]. Ironmaking and Steelmaking, 2002, 29 (2): 121~124.

[33] Wallner F, Fritz E. 转炉炼钢五十年 [J]. 上海宝钢工程设计, 2003 (3): 57~61.

[34] 康复, 陆志新, 蒋晓放, 等. 宝钢 BRP 技术的研究与开发 [J]. 钢铁, 2005, 40 (3): 25~28.

[35] 郭庆军. 50t 转炉高效脱磷技术的应用 [J]. 莱钢科技, 2014 (6): 7~9.

2　电炉炼钢节能技术

2.1　电弧炉炼钢节能的技术方向

中国钢铁产量已经达到 6.8 亿吨[1]，能量消耗占全国总能量消耗的 15% 左右。因此，节能降耗是保证钢铁工业能够可持续发展的重要措施之一。

目前炼钢方法主要有电弧炉炼钢法和转炉炼钢法。2011 年中国电炉钢产量为 6800 万吨，电弧炉炼钢流程平均能耗为 105kgce/t。

电弧炉炼钢流程不仅起到保存有限的铁矿石等天然资源的作用，而且由于不含铁矿石焦炭还原，其生产过程排放的 CO_2 量少，因此电弧炉炼钢法是未来炼钢的发展方向。

2.1.1　电弧炉炼钢的发展

2.1.1.1　世界电弧炉炼钢技术的发展

电弧炉炼钢经过一百多年的发展，在全世界范围内得到了迅速发展，已经成为最重要的炼钢方法之一。电弧炉经历了从普通功率电弧炉到高功率电弧炉再到超高功率电弧炉的发展过程。电弧炉本身在冶金功能也发生了重大的变化，其功能由之前传统的由熔化期、氧化期、还原期构成的三期操作，变化为只提供初炼钢水的单一操作。

世界电弧炉冶炼技术优化的主要目标是品种开发、提高效率和钢水质量、节能降耗等。结合本章的研究内容，在这里主要叙述总结电弧炉炼钢有关能量利用技术的发展情况。在 20 世纪 70 年代，电弧炉炼钢主要以发展超高功率供电及其相关技术为主，这里包括了泡沫渣技术、高压长弧操作、水冷炉壁技术等，同时在这一时期也开始采用钢包精炼以及强化用氧。在 20 世纪末，由于对电网冲击小、石墨电极消耗低，超高功率直流电弧炉开始出现，并且取得了很大的发展。同时，强化用氧技术等在这一时期得到了迅速的发展，这里其中包括超声速氧枪技术、氧燃烧嘴技术等。在欧洲与日本，绝大多数的电弧炉安装了氧燃枪，并且获得了很好的使用效果。德国巴登公司由于安装了 Cojet 喷枪创造了 50 炉的日产记录，操作工艺的指标为：平均的电耗 318kW·h/t；平均的氧耗 38.78m³/t（标态）；平均的天然气消耗 7.3m³/t（标态）；平均的冶炼周期 29.5min，最低时达到 25.8min；平均的通电时间 22.3min，最低时达到 19min[2~4]。

2.1.1.2　国内电弧炉炼钢技术的发展

1993 年在上海召开了"当代电炉流程和电炉工程问题研讨会"。会议上提出建设一批"三位一体"或"四位一体"的先进电弧炉炼钢流程。在这时候我国电弧炉炼钢产量总体呈增长趋势，炼钢技术也同时取得了长足的进步。

在炼钢工作者的努力下，电弧炉炼钢技术得到了迅速的发展，主要表现在：

（1）炉子容量大型化，形成了电炉冶炼—炉外精炼—连铸"三位一体"或电炉冶炼

—炉外精炼—连铸—连轧"四位一体"的现代化电炉流程群体。

（2）电炉生产的冶炼周期、电耗、利用系数、生产率等技术经济指标大幅度提高。

（3）在吸收国外先进技术的基础上我国也进行创新，快速提高了我国现代电弧炉炼钢技术的发展。

总而言之，电弧炉炼钢技术具有自己独特的优势，主要体现在低能耗、灵活的生产模式、对铁源的适应性较强等方面。近年来我国电弧炉炼钢由于配加高比例的铁水，电弧炉冶炼的生产节奏也随之加快，采用50%的铁水，冶炼电耗也降至200kW·h/t左右。

2.1.2　电弧炉炼钢流程能量状况

2.1.2.1　电弧炉炼钢流程的能量构成

电弧炉炼钢的生产是在高温状态下进行的，在这个过程中，需要消耗能量。炼钢过程所需的能量主要用于以下四方面[5~7]：

（1）保持炼钢过程中1500~1600℃的高温，其中包括升温所需热量；

（2）保证冶炼过程能够顺利进行所需的能量；

（3）补充炼钢炉渣、炉气等所带走的能量；

（4）补充炼钢生产过程的热损失。

全废钢电弧炉炼钢生产过程中提供的能源主要是电弧加热。早期的电弧炉炼钢生产，电弧加热是单一的能量供应者，此时的电弧炉炼钢的效率不高，电耗较高。为了提高生产率和降低电能消耗，随着电弧炉炼钢技术的发展，逐渐增加了辅助能源的利用。这些辅助能源的利用主要包括吹氧助熔、加热冷区、活跃熔池、切割炉料等。

从20世纪60年代起，电弧炉炼钢开始使用氧燃喷枪产生高温火焰切割和熔化废钢。由于绝大多数炉料是可以氧化的，因此它们都可作为燃料。向炉料中加入多余的碳，使碳氧之间反应达到平衡，从而达到降低电能消耗的效果[8~10]。

由于电弧炉生产速率的提高，炉子容量的增加、电弧炉炼钢过程中电能以外的能量受到重视。它们以化学热与物理热为主，其效果主要有：

（1）采用铁水的化学热与物理热部分代替电能，补充电能的不足；

（2）利用氧气与氧燃烧嘴对冷区进行加热、改善传热条件、提高热效率；

（3）采用二次燃烧技术，充分利用炉气中的化学能。

这种情况下，电弧炉炼钢生产中电能已经不是单一的炼钢能源，能量供应包括电能和其他辅助能量[11]。

2.1.2.2　我国电弧炉能量状况

我国电力资源和废钢资源不足，是决定电炉钢比例低的两大因素之一。因此从能源的角度来评价我国电炉技术经济指标可以帮助认识和解决电炉钢发展中的问题。同时，我国电弧炉炼钢生产的技术经济指标得到了大幅度提高，许多钢铁企业在生产率、冶炼周期、电耗、利用系数等方面已经逐渐达到了国际先进甚至国际领先的水平[12,13]。

近年来，我国电弧炉炼钢冶炼电耗不断下降，这与我国电弧炉炼钢使用铁水比例不断提高有直接的关系。2012年首季度我国重点企业电炉用热铁水比例为513kg/t，比上一年提高35kg/t。2012年首季国内重点钢铁企业电炉用热铁水情况见表2-1。2012年上半年国内重点钢铁企业电炉工序能耗情况见表2-2。

表 2-1 2012 年首季国内重点钢铁企业电炉用热铁水情况 （kg/t）

钢铁企业	铁水比	钢铁企业	铁水比
西钢	958	苏钢	818
衡管	781	兴澄	759
莱芜	731	衡钢	714
天管	363	新冶钢	712
沙钢	666	新余	617

表 2-2 2012 年上半年国内重点钢铁企业电炉工序能耗情况 （kgce/t）

钢铁企业	能 耗	钢铁企业	能 耗
淮钢	26.04	韶关	29.53
沙钢	36.59	通钢	39.43
新余	51.02	莱钢	53.83
太钢	62.12	舞阳	68.73
临沂江鑫	70.6	西钢	73.66
南钢	74.63	锡钢	75.95
苏钢	76.77	新冶钢	80.27

对于短流程的核心设备电弧炉，分析其能量消耗时，首先有必要研究其输入输出的能量。根据文献［14］的介绍。输入的总能量为 690kW·h/t，由电能提供的能量仅为 380kW·h/t（55%）。由氧化产生的能量为 310kW·h/t，占全部能量输入的 45%，其中燃料产生的热量 210kW·h/t，占全部能量输入的 30%。

可以看出，输出热量除了钢液焓和其精炼渣的焓以外，其他损失部分包括排除气体损失，水冷壁、炉盖方面的热损失，以及电气损失、其他损失。

降低能量单耗重要的方式是要减少整个输出热量[15]，因此首先要减少热损失。而减少作为有效热量的钢水能量，可以通过降低出钢温度等实现。炉气的化学能和潜热的利用也是降低电弧炉冶炼过程能耗的有效手段[16]。

2.1.3 电弧炉炼钢流程节能技术

电弧炉炼钢的冶金功能在于将废钢熔化冶炼成为合格的钢水[17]。电弧炉炼钢的能量输入，包括三个工程技术问题：（1）增加能量供应，包括电能和其他物理热和化学能，换取生产率的提高；（2）增加输入功率，包括电功率和单位时间内其他物理热和化学热的供应量，提高电弧炉炼钢的生产速率，即缩短冶炼周期、提高生产节奏；（3）提高能量的利用效率，按占用电网的容量来计算为单位主变压器容量每年生产的合格钢水量，即变压器利用系数。

从热平衡角度来看，电炉炼钢节能主要包括两方面：一是减少热损，缩短热停工时间；二是采用新技术、新设备，缩短冶炼时间[18]。

电弧炉炼钢流程节能技术主要有：

（1）超高功率 UHP 电弧炉技术。20 世纪 60 年代，已证实增大输入电功率可以带来生产效率的提高，使得超高功率电弧炉在世界范围内普遍采用。超高功率操作是以最低的作业成本达到最大生产能力的方法。Schwabe 对 UHP 操作的定义是[19]，对于超过 100t 的大型炉输入电功率为 350~400kW·h/t，对于 40~100t 的中型炉为 370~450kW·h/t。而 20 世纪 90 年代超高功率的概念已发展到大于 600kW·h/t。

（2）强化用氧技术。为了达到节能降耗的效果，强化用氧技术使脱碳速度加快的同时，充分利用了氧气与物料中易氧化的元素发生化学反应放出大量的热量。目前电弧炉炼钢生产使用大量的氧气，较高时达到 $45m^3/t$（标态），冶炼周期缩短至 40~60min[20,21]。

（3）合理供电制度。合理的电气运行制度有利于冶炼过程的顺行，也有助于电耗的降低和冶炼节奏的加快，以实现节能降耗的目的。合理供电制度的研究包括：常用电压下特性曲线制定、制定供电工作曲线、电弧炉变压器的电气参数分析等[22]。

（4）电极自动控制技术。电极调节系统是电弧炉炼钢过程重要的操作，电极控制系统先后经历了以下几代的形式：机械控制系统、液压控制系统及液压-气动联合控制系统、电极自动调节器、微机控制系统以及神经网络系统[23,24]。

（5）导电横臂节电技术。导电横臂节电技术是将传统的电炉横臂和导线结合为一体，使之成为既起支撑电极作用，又起导电作用的新型横臂。由于整个电极横臂刚度好，使得电极升降过程中不振动，有利于稳定电弧。此技术可以达到提高有功功率、降低电阻率、降低冶炼电能消耗、提高冶炼节奏的效果[25]。

（6）直流电弧炉技术。直流电弧炉[26,27]是通过变压器将电变换成炉用电压后，经大功率可控硅整流器将交流电变为直流电，之后接入石墨电极（阴极），并通过炉内导电金属料与炉底电极（阳极）以及电抗器形成直流电路。

直流电弧炉优点主要为：大幅度降低石墨电极消耗，电压波动较小，对前级电网冲击小，冶炼时间缩短，噪声与耐火材料消耗降低，与此同时金属熔池始终存在强烈循环的搅拌。

直流电弧炉同时也存在电极升降控制系统工作不正常的问题，主要表现为：运行不稳定，电极窜动频繁、持续时间长，电炉不能连续稳定地获得有效的电弧功率输入；弧压调节范围较小，实际弧压值不是跟随给定弧压值线性地变化；控制性能不能满足冶炼工艺的要求，不能准确地将弧压稳定在给定的值上。

（7）泡沫渣技术。电弧炉炼钢生产进行长电弧冶炼操作，增加了有功功率的输入，提高炉料熔化的速率。但是长电弧的辐射能力强、炉衬寿命低，因此需要向钢液中喷入碳粉与过剩的氧参与反应，产生 CO 气体来形成泡沫渣。由于渣对电弧进行了屏蔽，因此提高了电弧能的利用效率[28~30]。

电弧炉喷碳技术克服了由于强化用氧技术而导致的铁的收得率降低的问题，还原了大量被氧化的铁。通过利用喷碳技术，渣中的铁比较容易被还原回收。还原反应是吸热反应，电耗增加，但是在喷碳的同时通电，所造成的泡沫渣增加电弧炉的效率，对电耗影响不大[31]。

人工吹氧生成泡沫渣，劳动强度大，效果不显著。采用碳氧枪向熔池吹氧和喷吹碳粉，易在渣层中生成泡沫渣。通过控制炉渣碱度、氧化性、流动性等冶金条件以符合工艺要求，在炉渣碱度 2.0~2.5、渣中氧化铁含量 15%~20% 时，生成泡沫渣的效果最好。某厂炉渣主要成分见表 2-3[32]。

表 2-3　某厂炉渣主要成分　　　　　　　　（%）

成分	CaO	SiO$_2$	FeO	MgO	P$_2$O$_5$	MnO	Al$_2$O$_3$
含量	43.26	21.79	17.61	6.5	1.69	2.92	5.62

熔池吹氧产生一氧化碳，使电炉渣发泡，实现埋弧操作，电弧热通过炉渣高效率传入钢液，超高功率变压器采用长弧高功率进行操作，实现高电压、低电流，进一步提高了电弧的传热效率[32]。

（8）水冷炉壁与炉盖技术。超高功率的操作，电弧弧光使炉壁局部损坏，在电弧炉热点部位安装了水冷箱以后，炉壁耐火材料消耗量下降。当初电弧炉存在很多有安全隐患的部位，但是现在，很多电弧炉都装上了水冷炉壁。

采用水冷炉壁技术优点有：节约耐火材料，节约量可达 60%；熔化期可放心使用大功率供电，缩短了冶炼时间；缩短热补炉时间，提高生产率，降低成本，实现连续生产。

Danieli&C 公司的专利 DANIELI FastArc TMEAF 在电弧炉的炉墙和炉顶采用长寿命的节能水冷炉壁，使黏附在节能炉壁的渣面的热流量相对于标准的炉壁热流量平均减小 10%，从而提高了板块寿命。表 2-4 所示为节能炉壁与标准炉壁的热流量及渣面温度对比。

表 2-4　节能炉壁与标准炉壁的热流量及渣面温度对比

项　　目	节能炉壁	标准炉壁
热流量平均值/kW·h·m^{-2}	310	335
热流量最大值/kW·h·m^{-2}	452	563
渣面温度平均值/℃	822	234
渣面温度最大值/℃	1111	640

（9）氧燃烧嘴技术。20 世纪 80 年代初期出现了第二次能源危机，能源价格增加促进了电炉节能。为此开发了采用煤炭、石油助燃的燃烧器，常见的有氧气—天然气、氧气—油烧嘴。天然气热值高，属于清洁能源，燃烧效果比较好。氧-油烧嘴结构比较复杂，燃烧后产生的废气加剧了除尘系统的负担。目前已发展为把烧嘴、氧枪集为一体的喷吹系统[33]。

（10）二次燃烧技术。电弧炉内燃烧并不完全，这样造成废气中 CO 含量较高，带走了大量化学能，为了利用化学余热，需要在熔池上方适当供氧使 CO 在炉内进行二次燃烧。二次燃烧技术就是通过向二次燃烧装置中喷射适量的辅助氧气来使得这些 CO 和其他可燃烧气体进行燃烧，放出热量预热周围的废钢，从而缩短冶炼时间，实现节能降耗[34,35]。

电弧炉冶炼过程产生的废气主要是一氧化碳。通过向炉内喷吹 O$_2$，将 CO 燃烧生成 CO$_2$。化学反应产生大量的热能，促使钢液升温，或用于废钢预热，废钢温度可上升200~300℃，最高可上升 600~800℃，可节约电能 15~40kW·h/t[32]。

（11）余热回收。在电弧炉的能量平衡中，高温烟气带走的热量一般占整个电弧炉能量的 7%~11%，高温烟气带走的热量随着铁水比例增加而增加。实现电弧炉余热的回收利用，对节能降耗和清洁生产都具有重要的意义。

莱钢烟气余热回收工艺流程通过第 4 孔将 1200℃ 左右高温烟气从电弧炉吸出，经烟道进入燃烧沉降室，CO 等可燃物质进行二次燃烧，大颗粒沉降后高温烟气进入热管余热锅炉，可充分发挥锅炉的降温作用，将除尘器入口温度控制在 150~180℃；烟气经过除尘器净化，由风机排入大气。经过换热后，软水被加热到 200℃ 左右，产生的饱和蒸汽进入变压式饱和蒸汽蓄热器，由蓄热器向 VD 炉供汽。在蓄热器外部供汽阀后安装有蒸汽波动缓冲器，可实现阀后压力自动调节，以保障蒸气压力的稳定[36]。

（12）铁水热装技术。近年来，由于废钢短缺的问题较为突出，导致目前全废钢冶炼模式的生产成本居高不下。热装铁水是电炉冶炼工艺的一项新技术，是缓解废钢资源不足的重要手段[37]。铁水中含有较高的碳、硅等元素，与氧反应释放出大量热量，给电炉带入大量物理显热和化学潜热，提高熔池温度。并且由于碳氧反应产生大量一氧化碳气体，促进泡沫渣形成，将电弧屏蔽在炉渣内，减少电弧辐射，延长炉衬寿命，提高电炉热效率[32]。

铁水在 1350℃ 时的热焓为 1221kJ/kg，因此每加 1t 铁水即可带入物理热 $1.22×10^6$ kJ，相当于 339kW·h 的电能。从元素氧化释放热量的角度来看，氧化铁水中元素所释放的热量要比氧化废钢中元素所释放的热量多。

以 1t 铁水代替 1t 废钢为例，按 1400℃ 时元素氧化释放的热量计算，铁水氧化后多释放的化学热为 559265kJ，相当于 155kW·h 的电能。因此热装 1t 铁水，可节电 339+155＝494kW·h。

电弧炉炼钢法的基础是废钢的稳定供给，而由高炉向电弧炉直供热装铁水不但可以缓解废钢资源紧缺的压力；同时，热装铁水带入大量的物理显热，并有大量的 C、Si、Mn 等元素与 O 反应释放大量的化学潜热，可有效地提高熔池温度，降低冶炼电耗，减少电极等辅助材料的消耗，缩短冶炼周期，从而提高炼钢生产效率。电弧炉热装铁水能显著降低冶炼过程能耗与炼钢本身的总能耗，但依靠铁水炼钢是一个从铁矿石到冶炼的长流程工艺，其总能耗比用废钢为原料的短流程工艺高出一倍以上，因此从节能环保角度看，电弧炉热装铁水只是权宜之计，或适用于具有多余铁水的钢铁企业[38]。

目前，国内很多电炉生产厂家不同程度地采用了铁水热装工艺，如南钢、宝钢、沙钢、淮钢、安钢、莱钢、西宁特钢等企业，取得了较好的效果。太钢一炼钢将其电炉进行转炉化改造，在电极夹持器上加装顶枪装置，入炉铁水比例在 70% 以上，实现了转炉化炼钢，电极消耗以及电耗都为零，在成本上取得了优势[39]。由于受原料供应、炉型、生产节奏以及供氧模式等因素的影响，导致了不同电炉厂家对热装铁水比例的选择有一定的差异。

2.2　电弧炉供电技术

电气运行状态对节能至关重要。合理的电气运行制度可充分挖掘变压器的能力，使炼钢过程电弧炉的有功功率最大。熔化期采用最大电压、最大电流操作使钢液快速升温，直至钢铁料熔化。根据钢液温度调整送电电压、电流，在制定供电制度时，要考虑变压器的容量、利用系数、功率因数等条件。

通常地，根据设备和生产条件，能量转换影响因素等理论计算所得的结果有偏差，实地测量可以进一步修正。在炼钢生产过程中，可通过电炉变压器的供电主回路在线测量，获得一次侧和二次侧的电压、电流、功率因数、有功功率、无功功率及视在功率等电气运行参数，经过分析处理，得出供电主回路的短路电抗、短路电流等基本参数，寻找最佳输入功率，以此制定合理供电曲线，保持电弧稳定燃烧。在变压器额定功率范围内，输出功率最大、生产效率最高。在生产过程中尽量减少变换电压的档次，减少停电时间，提高热效率[32]。

2.2.1 电气运行技术发展

20世纪50年代，为了提高电弧炉生产率，采用加大电炉变压器、提高电压的方法来增加输入功率，即采用"高电压、大功率"的运行制度。到60年代，功率级别一般约为400kV·A/t，变压器总容量在30MV·A左右。这一时期，电炉主要生产特殊钢、合金钢，流程为电炉出钢后模铸。

随着炉子供电功率的增大，电弧对炉衬的辐射侵蚀大大增强。在20世纪70年代中后期，一度推崇高功率、大电流、短电弧操作方式，因而功率因数值较低，特别是在最大电弧功率处工作，功率因数仅为0.72左右。因为电弧短，对炉衬热辐射减少，减轻了因提高功率对炉衬耐火材料的侵蚀，提高了热效率；由于电弧电流加大，对钢渣的搅拌加强，强化了熔池的传热；此外，大电流短电弧稳定性高，对电网的冲击小。这一时期，典型的炉子变压器容量大约在50MV·A左右，功率级别约为500kV·A/t，典型的流程为电炉、钢包炉、连铸、棒线材轧机。

所谓低电压和短电弧都只是相对于相同的变压器容量而言。实际上，如果把一台普通功率电弧炉改造成为超高功率电弧炉，由于功率大大增加，变压器的二次电压和电弧长度都比原来普通功率电弧炉的大。这种短弧操作法，在美国又称为滑动功率因数法。其要点是整个熔炼过程自始至终只采用一档相当低的电压而连续改变电流工作点。若用平衡的回路特性理论来描述工作点的"滑动"，那就是功率因数先由电弧功率最大点（0.72~0.75）逐渐平缓地过渡到有功功率最大点（0.707），再减小到0.68。这种情况适应于美国的条件：废钢加工行业发达，可保证入炉废钢块度小且均匀。这种方法的难点是判断何时由相对长弧改为短弧。

上述低功率因数的运行方式不利于变压器能力的充分利用，且电极消耗很大。随着水冷炉壁、水冷炉盖尤其是泡沫渣技术的出现和成功，使"高电压、低电流、长电弧、泡沫渣"操作有了可能，这类超高功率电弧炉是20世纪80年代中期的先进技术。在这个时期，炉子容量进一步大型化，功率级别又有所提高，炉子变压器容量达到了70MV·A以上，电炉钢进入扁平材、管材市场。其运行特点是高功率因数操作，使变压器的能力较充分地发挥。

到了20世纪90年代，电炉的容量进一步加大，炉子变压器容量达到了100MV·A左右，功率级别已超过800kV·A/t。目前炉子变压器容量的吨钢电功率输入已经达到1000kV·A/t以上，世界上投入使用的最大变压器容量已达200MV·A，可满足200t以上的电弧炉生产。2008年国产容量最大的变压器是西安西电变压器有限责任公司为河南舞阳钢铁有限责任公司100t电弧炉提供的90MV·A/35kV的变压器。在炉子电气运行特点方面出现了高阻抗和变阻抗技术；另外由于神经网络技术的成功应用，使电弧炉的电气运行工作点的识别和控制有了很大改善[40]。这一时期的电炉电气运行采用"更高电压、更小电流、更长电弧"的操作制度。原料条件的改善、薄板坯连铸连轧技术的出现使得电炉钢向管材、板带等纯净钢领域进展。

　　电弧炉炼钢技术的进步和电炉流程的发展与电炉电气的运行密切相关：一方面随着对超高功率电弧炉电气运行研究的不断深入，开发了许多新技术、设备及相关操作工艺，如直流电弧炉、导电电极臂、高阻抗电炉、智能电弧炉、水冷电缆、水冷/中空/浸渍/镀层电极等；另一方面也保障了超高功率电弧炉炼钢其配套技术的开发和应用，如海绵铁等废钢代用品的使用、泡沫渣操作、替代能源的利用等[41]。

2.2.2　现代炼钢电弧炉电气特性

　　电弧炉的供电制度指在确定的某一电压下工作电流的选择。供电制度合理与否，不但影响冶炼过程的顺利，还影响炉衬寿命、冶炼时间、电能消耗以及设备利用等[42]。

　　现代电炉采用超高功率技术、强化用氧技术、泡沫渣埋弧技术及高电压供电技术等相关技术，使得电炉供电制度的制定与传统方法发生了很大变化。

2.2.2.1　电炉等值电路

　　为了便于问题的分析，可将电炉主电路图简化为三相电原理图。再从电路的角度，可以把三相电原理图中的电抗器、变压器与短网等用一定的电阻和电抗来表示，而把每相电弧看成一可变电阻，三个电弧对变压器构成 Y 形接法的三相负载，中点是金属。经过一定方法处理（折算），可得到电炉的三相等值电路图。当电炉三相等值电路的三相为对称负载时，即三相电压、电流及电弧电阻相等时，可以用单相等值电路来表示三相等值电路，如图 2-1 所示。

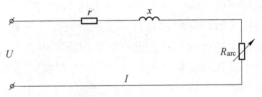

图 2-1　电炉单相等值电路

U—单相等值电路的相电压，$U = U_2/\sqrt{3}$（U_2 为变压器二次侧电压）；I—电弧电流，$I = I_2$（I_2 为变压器二次侧电流）；r—单相等值电路电阻，$r = r_变 + r_网 + r_抗$；

x—单相等值电路电抗，$x = x_变 + x_网 + x_抗$；

R_{arc}—电弧电阻

2.2.2.2　电炉回路电阻、电抗的确定

　　为了研究电炉的电气特性，制定出合理的供电制度，首先要确定电炉回路的电参数：电阻、电抗，即单相等值电路中的电阻、电抗值。其确定方法有以下三种：

　　（1）工程计算法。采用工程计算方法对电炉短网进行计算，设计新型电炉短网结构，计算出电炉回路电阻、电抗。该方法因电炉设备及其短网的复杂性，使得计算结果有一定误差，尤其对于电抗的计算，但可以指导、修改设计，并给出电炉的电气特性、指导供电制度的制定。

　　（2）短网物理模拟法。应该说短网物理模拟法是确定短网电参数的比较准确的方法。该方法的实质是利用研究原物的模型来代替研究真实对象，进行短网模拟试验研究，预测已运行的电炉或正在设计的电炉短网的电阻、电抗。该方法是利用物理学的相似原理，通过提高电源频率而缩小短网模型尺寸，因而需要一中频电源、按比例缩小短网模型及仪表测量系统。该方法虽然整套短网模拟试验设备复杂，但短网模型比较简单，因而适合不同容量电炉短网的模拟试验研究。虽然其结果有一定误差，但对指导电炉短网的改造及修改设计很有意义，尤其对电炉的电气特性的研究及指导供电制度的制定很有帮助。

　　（3）短路试验法。短路试验法用于对已运行的电炉进行工业短路试验及测试，测量

电炉回路的和短网的电阻、电抗值及阻抗不平衡系数。该方法是在炉料熔清后，变压器最低档电压，并接入电抗器（有条件的话），利用手动控制电极，通过一次次将电极插入到钢液中进行短路，分别记录下各相电流、电压及功率值，然后计算出各相电阻、电抗值及三相阻抗不平衡系数。其结果为指导电炉短网的改造，进行电炉的电气特性的研究，制定合理的供电制度打下基础。

（4）操作电抗。用上述方法确定的为短路电抗，但直接影响电炉的电气特性的是操作电抗。对操作电抗进行大量的研究表明[3,4]，操作电抗是随电流变化（或随功率因数变化）的，尤其是在电炉的熔化初期操作电抗随电流剧烈变化，有时可高达短路电抗的两倍。早期的观点是：操作电抗与短路电抗的比值 K，对于普通功率电炉的 $K=1$；对于超高功率电炉的 $K=1.1\sim1.3$[3]。

2.2.2.3　电炉的电气特性

电炉的电气特性主要研究某一电压下（电阻、电抗值一定），电炉的各个电气量值随电流变化的规律性。

单相等值电路是一个由电阻、电抗和电弧电阻三者串联的电路。按此电路，根据交流电路定律可以分别做出阻抗、电压和功率三角形，如图 2-2 所示。

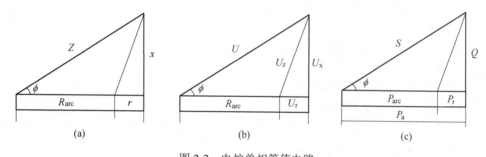

图 2-2　电炉单相等值电路

（a）阻抗三角形；（b）电压三角形；（c）功率三角形

由图 2-2 可写出电路各有关电气量值表达式，见表 2-5。

表 2-5　电路各有关电气量值表达式

序号	参　数	单位	符号及计算公式	备注
1	相电压	V	$U = U_2/\sqrt{3}$	
2	二次电压	V	U_2	
3	总阻抗	MΩ	$Z = \sqrt{(r + R_{arc})^2 + x^2}$	
4	电弧电流	kA	$I = U/Z = U/\sqrt{(r + R_{arc})^2 + x^2}$	
5	表观功率	kW	$S = \sqrt{3}IU_2 = 3I^2Z$	三相
6	无功功率	kW	$Q = 3I^2x$	三相
7	有功功率	kW	$P_a = \sqrt{S^2 - Q^2} = 3I\sqrt{U^2 - (Ix)^2}$	三相
8	电损失功率	kW	$P_r = 3I^2r = P_a - P_{arc}$	三相
9	电弧功率	kW	$P_{arc} = 3I^2R_{arc} = 3IU_{arc} = 3I(\sqrt{U^2 - (Ix)^2} - Ir)$	三相
10	电弧电压	V	$U_{arc} = P_{arc}/3I$	
11	电效率	%	$\eta_E = P_{arc}/P_a$	
12	功率因素	%	$\cos\varphi = P_a/S$	
13	耐材磨损指数	MW·V/m²	$R_E = U_{arc}^2 I/d^2$	

由表 2-5 中式 5~13 看出，上述各电气量值，在某一电压下（ x 、 r 一定）均为电流 I 的函数， $E = f(I)$ 。故可将它们表示在同一个坐标系中，如图 2-3 所示。图中的横坐标为电流、纵坐标为各电气量值，这样便得到电炉的理论电气特性曲线。

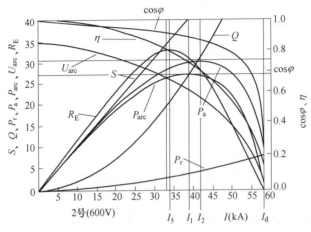

图 2-3　电炉的理论电气特性曲线

图 2-3 中各个参数所代表的意义见表 2-5。

2.2.3　现代电弧炉的供电制度

2.2.3.1　二次电压的确定原则

如前所述，供电制度是指某一特定的电炉，当能量供给制度确定之后，在确定的某一电压下工作电流的选择。那么二次电压确定原则如何，下面仅以熔化期为例进行介绍。

装料完毕即可通电熔化。炉料的熔化过程基本可分为四个阶段（期），由于各阶段熔化的情况不同，所以供电情况也不同，见表 2-6。

表 2-6　熔化期二次电压的确定方法

熔化过程	电极位置	必要条件	方　　法
起弧期	送电→$d_{极}$	保护炉顶	较低电压，顶布轻废钢
穿井期	$d_{极}$→炉底	保护炉底	较大电压，石灰垫底
主熔化期	炉底→电弧暴露	快速熔化	最大电压
熔末升温期	电弧暴露→全熔	保护炉壁	低电压、大电流，水冷加泡沫渣

第一阶段：起弧期。通电开始，在电弧的作用下，一少部分元素挥发，并被炉气氧化、生成红棕色的烟雾，从炉中逸出。从送电起弧至电极端部下降 $d_{电极}$ 深度为起弧期。此期电流不稳定，电弧在炉顶附近燃烧辐射，二次电压越高，电弧越长，对炉顶辐射越厉害，并且热量损失也越多。为了保护炉顶，在炉上部布一些轻薄小料，以便让电极快速插入料中，以减少电弧对炉顶的辐射；供电上采用较低电压、电流。

第二阶段：穿井期。起弧完了至电极端部下降到炉底为穿井期。此期虽然电弧被炉料所遮蔽，但因不断出现塌料现象，电弧燃烧不稳定，供电上采取较大的二次电压、大电流或采用较高电压带电抗操作，以增加穿井的直径与穿井的速度。但应注意保护炉底，办法是：加料前采取石灰垫底，炉中部布大、重废钢以及合理的炉型。当能满足炉子上部布一些轻薄小料（约为料重的5%），上两个阶段可合并成一个阶段，即起弧、穿井阶段。

第三阶段：主熔化期。电极下降至炉底后，开始回升时主熔化期开始。随着炉料不断的熔化，电极渐渐上升，至炉料基本熔化（>80%），仅炉坡、渣线附近存在少量炉料，电弧开始暴露给炉壁时主熔化期结束。主熔化期由于电弧埋入炉料中，电弧稳定、热效率高、传热条件好，故应以最大功率供电，即采用最高电压、最大电流供电。主熔化期时间占整个熔化期的70%。

第四阶段：熔末升温期。电弧开始暴露给炉壁至炉料全部熔化为熔末升温期。此阶段因炉壁暴露，尤其是炉壁热点区的暴露受到电弧的强烈辐射，故应注意保护。此时供电上可采取低电压、大电流或采取泡沫渣工艺。

2.2.3.2　工作电流的确定

供电制度如何确定？从供电曲线表面上看，当能量供给制度确定之后，供电制度实际上就变成了在某一电压下，工作电流的确定。在传统的确定方法中，最重要的是遵守电气特性所表达的规律性，即以"经济电流"概念来确定工作电流，其确定方法也适用超高功率电炉。下面就从"经济电流"概念出发，讨论工作电流的确定。

观察电气特性曲线（图2-3）可以发现：在电流较小时电弧功率随电流增长较快（即 dP_{arc}/dI 变化率大），而电损功率随电流增长缓慢（即 dP_r/dI 变化率小）；当电流增加到较大区域内时，情况恰好相反。这说明在特性曲线上有一点（电流）能使电弧功率与电损功率随电流的变化率相等，即 $dP_{arc}/dI = dP_r/dI$，而这一点对应的电流称为"经济电流"，用 I_5 表示。

因为电流小于 I_5 时，电弧功率小，熔化得慢；电流大于 I_5 时，电弧功率增加不多，电损失功率增加不少，故 I_5 得名"经济"电流。另外，在 I_5 附近的 $cos\varphi$、η 也比较理想。

一般工作电流为 $I_{工作} \leqslant I_5 = (0.8 \sim 0.9)I_1$。但若将耐火材料磨损指数 $R_E = U_{arc}^2 I/d^2 = f(I)$ 也表示在图2-4的电气特性曲线中，可以看出，$I_{工作} = I_5$ 恰好在 R_E 最大值附近。

对于小型普通功率电炉，R_E 较低，$R_E < 400MW \cdot V/m^2$。一般认为，$R_E < 400 \sim 500MW \cdot V/m^2$ 为安全值，电弧对炉衬热点损耗不剧烈。但对于大型超高功率电炉功率水平大幅度提高，炉壁热点磨损极为严重，R_E 的峰值达到 $800MW \cdot V/m^2$ 以上，此时工作电流的选择必须避开 R_E 峰值（这也是超高功率电炉投入初期，为什么采取低电压、大电流的原因），所选的工作电流不再是在 I_1 左面接近 I_5 的区域，而是接近 I_1 或超过 I_1（当然是在 $1.2I_n$ 的范围内）。此种情况，P_{arc} 增加了，虽然 P_r 有所增加，$cos\varphi$ 略有降低，但由于低电压、大电流电弧的状态发生了变化，成为"粗短弧"使电炉传热效率提高，更主要是炉衬寿命得到保证，R_E 减小。

当采用泡沫渣时，可实现埋弧操作，此时不用顾及 R_E 的影响，而采用低电流、高电压的细长弧供电（操作），那么确定工作电流的原则不变，仍为 $I_{工作} \leqslant I_5 < I_1$。

当然 $I_{工作} \leqslant I_5$ 是有条件的，不能一味地追求，还必须考虑变压器额定电流 I_n 允许值，即设备允许的最大工作电流 $I_{max} = 1.2I_n$。在电炉变压器选择正确时，应能保证 I_{max} 接近 I_5，否则将出现以下情况均对设备不利：

（1）最大工作电流超过经济电流很多，说明变压器选大了（电流高了），因为受经济电流概念要求：$I_{工作} \leq I_5$，使得变压器能力得不到充分的发挥，否则工作点不合理；

（2）最大工作电流低于经济电流很多，说明变压器选小了（电流小了），因为若满足经济电流确定原则：$I_{工作} \leq I_5$，使得变压器长时间超载运行，这些对设备都是不利的，也是不经济的。

考虑诸因素，工作电流选择原则应该是：在考虑最大工作电流的情况下，满足 $I_{工作} \leq I_5$ 条件。典型的熔化期供电曲线如图 2-4 所示。

另外，当采用高阻抗技术时，其操作原则为：高阻抗—高电压—埋弧，即埋弧是高阻抗供电的必要条件，高电压是高阻抗供电的充分条件。

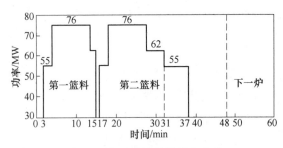

图 2-4　典型的熔化期供电曲线

2.2.4　电弧炉优化供电研究实例

20 世纪 90 年代，我国电弧炉炼钢技术水平还相当落后，大多数电弧炉公称容量不足 30t，主变压器额定功率小于 15MV·A，变压器功率级别不足 500kV·A/t。使用全冷废钢铁炉料，采用三期操作工艺，冶炼过程中采用低功率因数操作（$\cos\varphi < 0.7$），冶炼周期为 200min 左右。此后，我国电弧炉炼钢生产技术发生了极大的变化，绝大多数炉子公称容量在 60~150t 之间，变压器额定容量为 50~100MV·A，配加了 30%~60% 的铁水，冶炼周期缩短至 60min 以内，这样不仅仅对冶炼工艺提出了新的要求，同样对供电和供氧技术的发展提出了新的要求，如在高功率因数（$\cos\varphi = 0.85~0.86$）条件下的合理电气运行技术，以及大强度供氧（标态）（$>5000m^3/h$）的供氧技术等。

本项目研究包括两项功率单元技术，即 100MV·A 变压器合理供电技术和 2500m^3/h 集束射流供氧优化技术。

2.2.4.1　100MV·A 变压器合理供电技术

1992 年起北京科技大学就开始了有关如何确定实际炼钢过程中操作电抗 X_{OP} 和合理供电技术的研究，先后取得了许多成果[43,44]。研究面临新的技术难点和挑战，有以下三点：

（1）主变压器容量扩展至 100MV·A，比以往的研究增大了 11%，提高了一个层次。以往研究的三相交流电弧炉主变压器最大容量为 90MV·A。

（2）本次研究的 100MV·A 变压器是一台"裸机"，除变压器铭牌外没有任何电气运行技术资料可供参考，研究方法和研究内容须全部由课题组独立自主进行。而以往研究的电弧炉装备基本上由国外引进，其电气运行参数也由外商提供，研究工作主要是消化、引进、吸收和再提高。

（3）研究在大生产条件下完成，要求研究过程须尽量减少对炼钢生产的影响，力争热试车一次成功，投产顺利，变压器能够长期安全、稳定、高效地运行。

基于长期工作的积淀，采取了新对策：以模拟预研取代了以往的消化引进阶段的研究，研究流程为"模拟预研—热试炼钢实测—非线性电抗模型研究—许用工作点开发"，是以往"消化引进—炼钢实测—非线性电抗模型研究—许用工作点开发"研究流程的提升，两者对比如图 2-5 所示。

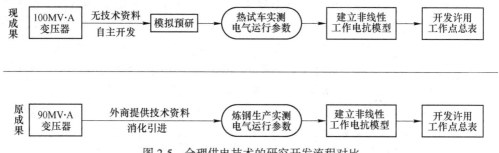

图 2-5　合理供电技术的研究开发流程对比

　　本项研究的顺利完成也得到了一般性的经验，即合理供电技术的开发研究不一定需要外商提供运行技术，在主变压器容量不大于 100MV·A 的范围内，可以完全独立自主开发合理的运行技术。对于大于 100MV·A 容量的电弧炉变压器，也可以在不依靠外商提供原始运行资料的情况下，完全独立自主地进行研究开发。

2.2.4.2　100MV·A 变压器炼钢运行非线性操作电抗模型

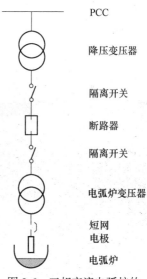

图 2-6　三相交流电弧炉的
供电回路示意图

　　三相交流电弧炉的供电回路示意图如图 2-6 所示。在炼钢过程中，供电电路所承受的电抗是由供电电网至电极端头的电抗总和，这是电气运行操作最重要的基本参数。尽管供电电抗有多种理论计算方法，但最实用的还是直接测定。

　　对于早期的小容量电炉，电弧炉炼钢过程所承受的工作电抗可以通过短路实验来测定。由于电路处于短路状态，回路电压和电流都是理想的 50Hz 正弦波形，短路实验测得的电抗 X_{SC} 可以认为就是最接近整个供电回路的实际电抗值。然而，容量大的炼钢电弧炉，短路实验几乎不可能实现，若要得到大容量炼钢电弧炉的短路电抗值，必须采用新的测量方法。

　　另一个难点是：在电弧炉炼钢过程中回路所表现出的操作电抗值 X_{OP} 并不等于短路电抗 X_{SC}，这是因为炼钢过程中电弧引起的谐波所造成的。所以，要想获得更换变压器以后的实际操作电抗 X_{OP}，就必须在炼钢过程中测定。所以，用容量为 100MV·A 的变压器取代 90MV·A 的变压器，并不是变压器容量的简单增大，也不仅仅是电压级别和工作电流的改变，其深层次的技术提升是需要测定新回路的短路电抗 X_{SC} 和新条件下炼钢过程的实际操作电抗 X_{OP}。

　　在电弧炉炼钢过程中交流电弧并不完全是纯电阻性质，其主要原因是：（1）交流电压和电流每秒钟有 100 次通过零点，由于需保证电弧连续稳定燃烧，要求电路有一定的感性，即炼钢过程中电气运行功率因数 $\cos\varphi \leqslant 0.866$；（2）石墨电极和含铁冷炉料/熔池的电子发射性质不同，交替处于电位由正变负或由负变正的过程。因此，交流电弧炉在实际炼钢过程中会产生各次谐波，由于炼钢炉料状态、炉况千变万化，各次谐波的分量构成也不尽相同。

　　随着炉子大型化和高功率、超高功率化发展，变压器容量大大增加，短路实验难以实现；另一方面，炼钢运行中产生的谐波分量大大增加，不能再使用 $X_{OP} = X_{SC}$。为此，各电炉制造商和炼钢用户常使用工作电抗模型 $X_{OP} = KX_{SC}$ 来描述谐波的影响，其中 $K = 1.1 \sim 1.3$，或简单取 $K = 1.2$。然而难点是其中的 X_{SC} 值仍然未知，且 K 值不一定是常数。

本研究使用高精度的电气测量仪表，将 100MV·A 变压器、9 级二次电压下的炼钢过程中实测得到的 4651 组、130228 个数据的散点图绘于图 2-7 中。可以看出：

（1）在不同的二次工作电流 I_2 下，实际操作电抗 X_{OP} 值有所不同，呈非线性变化；

（2）工作电流 I_2 增大至额定电流的 1.3 倍以后，X_{OP} 的变化接近平缓，似乎可以用来估计短路电抗 X_{SC}。由散点图得到该工况下的非线性操作电抗模型，见式（2-1）：

$$X_{OP} = 3.29 \exp(15.87/I_2) \tag{2-1}$$

式中　X_{OP}——工作电抗，$m\Omega$；

　　　I_2——工作电流，kA。

由式（2-1）可知，工作电流 $I_2 \to \infty$ 处的短路电抗值 $X_{SC} = 3.29 m\Omega$。将研究所得的实测非线性操作电抗模型和短路电抗 X_{SC} 与文献和外商提供的 $X_{OP} = K \cdot X_{SC}$ 模型相比较，绘于图 2-8。可以看出：在整个工作电流范围内，本研究所得的非线性操作电抗模型更贴近炼钢过程实际。

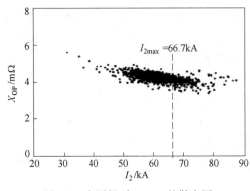

图 2-7　实测得到 X_{OP}-I_2 的散点图

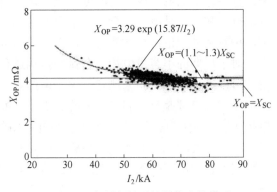

图 2-8　本研究得到的操作电抗模型
与国际常用的简单模型比较

2.2.4.3　炼钢许用工作点总表的开发

使用所建立的非线性操作电抗模型可进而开发出各级电压下的炼钢电气运行曲线和变压器工作图。为指导炼钢操作给出工作点总表，每个电压级别下建议使用的工作点、该工作点处的电弧电流值 I_2，以及该工作点处的电弧功率 P_{arc}、变压器表观功率 S 和功率因数 $\cos\varphi$ 值等，每个工作点可表示为（U_2、I_2）。对于工作点总表中每一个工作点再进行筛选，凡是功率因数 $\cos\varphi > 0.86$、变压器表观功率 S 大于额定容量 S_F 的工作点都禁止使用，最终得到许用工作点总表。

炼钢生产应按许用工作点总表给出的设定值进行操作，从而保证：（1）主变压器不过载，炼钢可长期安全运行；（2）电弧稳定燃烧，使炼钢过程平稳进行，减少电极折断；（3）炼钢过程安全稳定运行的效果是生产率高、电能等消耗低。例如：100MV·A 变压器第 9 级电压（865V）下的电气运行特性曲线如图 2-9 所示；变压器二次侧 10 级电压 U_2（678~892V）下的电气运行图如图 2-10 所示；变压器二次侧 10 级电压 U_2 下的 56 个许用工作点总表见表 2-7。

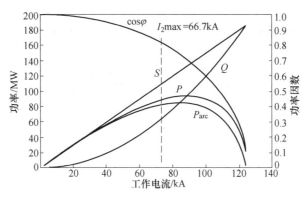

图 2-9 电气运行特性曲线

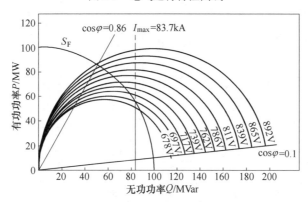

图 2-10 电气运行图

表 2-7 100MV·A 变压器 56 个许用工作点

电压级别		工作点 1	工作点 2	工作点 3	工作点 4	工作点 5	工作点 6
10 级 (892V)	I_2	△	△	△	△	62	61
	S					95.33	94.55
	P_{arc}					75.90	75.60
	$\cos\varphi$					0.857	0.859
9 级 (865V)	I_2	65	64	62	58	66	61
	S	96.94	95.59	93.19	87.5	98.13	90.79
	P_{arc}	74.95	74.37	73.32	70.48	75.44	72.04
	$\cos\varphi$	0.839	0.842	0.849	0.863	0.835	0.855
8 级 (839V)	I_2	63	63	62	58	64	61
	S	91.12	91.12	89.95	84.43	92.42	88.79
	P_{arc}	70.66	70.66	70.16	67.48	71.22	69.65
	$\cos\varphi$	0.841	0.841	0.844	0.859	0.837	0.847
7 级 (811V)	I_2	62	61	61	58	61	61
	S	87.51	86.25	85.12	81.89	86.25	85.12
	P_{arc}	67.27	66.74	66.08	64.66	66.74	66.08
	$\cos\varphi$	0.835	0.839	0.842	0.851	0.839	0.842

电压级别		工作点 1	工作点 2	工作点 3	工作点 4	工作点 5	工作点 6
6 级 (786V)	I_2	61	60	60	57	60	60
	S	83.32	82.23	81.14	77.87	82.23	81.14
	P_{arc}	64.15	63.69	63.05	61.58	63.69	63.05
	$\cos\varphi$	0.837	0.84	0.844	0.853	0.84	0.844
5 级 (762V)	I_2	60	59	59	56	59	58
	S	79.45	78.27	77.21	73.25	78.27	76.15
	P_{arc}	61.26	60.73	60.10	58.14	60.73	59.62
	$\cos\varphi$	0.839	0.843	0.846	0.858	0.843	0.849
4 级 (739V)	I_2	60	59	58	57	61	58
	S	76.80	75.78	74.75	72.70	77.95	73.60
	P_{arc}	58.95	58.53	58.08	57.00	59.44	57.38
	$\cos\varphi$	0.838	0.841	0.845	0.851	0.834	0.848
3 级 (717V)	I_2	59	58	57	57	59	57
	S	73.40	72.40	71.28	70.29	73.40	71.28
	P_{arc}	56.45	56.02	55.51	54.90	56.45	55.51
	$\cos\varphi$	0.84	0.843	0.847	0.85	0.84	0.847
2 级 (697V)	I_2	58	58	58	56	59	57
	S	70.38	69.42	69.42	67.36	71.47	68.33
	P_{arc}	53.95	53.37	53.37	52.45	54.41	52.88
	$\cos\varphi$	0.838	0.842	0.842	0.848	0.834	0.845
1 级 (678V)	I_2	59	58	57	54	59	56
	S	68.70	67.64	66.58	63.77	69.76	65.65
	P_{arc}	51.95	51.50	51.05	49.81	52.56	50.65
	$\cos\varphi$	0.832	0.836	0.84	0.85	0.828	0.843

2.2.4.4　供电技术的优化进步

总之，本功率单元技术成果是原有工作成果的传承和进步，见表 2-8。

表 2-8　供电技术的优化进步

类　别	现成果	原有成果
供电形式	三相交流	三相交流
主变压器容量/MV·A	≤100	≤90
二次电压级别	10 级（678~892V）	35 级（300~892V）
最大二次工作电流/kA	64.7~83.7	58.3~75.3
非线性电抗模型	$X_{OP} = 3.29\exp(15.87/I_2)$	$X_{OP} = 5.15\exp(-0.0031I_2)$
工作点总表	有	有
许用工作点/个	56	23
功率因数 $\cos\varphi$	0.83~0.86	0.73~0.86
最大电弧功率/MW	75.9	69.5

2.3　电弧炉供氧技术及实例

电弧炉吹氧操作目的是吹氧助熔和吹氧脱碳，配合喷吹碳粉，造泡沫渣。以氧枪取代吹氧管操作，取得显著效果，氧枪利用廉价的碳粉、油、天然气等代替电能，对电弧炉冷区加热助熔，提高了生产效率，氧枪喷射气流集中，具有极强的穿透金属熔池的能力，加强对钢水的搅拌作用，加快吹氧脱碳、造泡沫渣速度，电弧炉炼钢强化氧气的使用，延长碳氧反应时间。据某钢厂实践，在氧气压力大于 1.2MPa、用氧量大于 $30m^3/t$ 情况下，吹氧化学反应产生大量热能，在炼钢过程中化学潜能可高达总能量的 29%。由于强化供氧，加速炉料熔化，增加熔池搅拌，改善熔池内部传热条件，加速化学反应进行，增加制造泡沫渣的效果，有效地降低了电能[32]。强化用氧有利于节能，生产 $1m^3$ 的氧气只需要消耗 0.215kg 标煤，而用 $1m^3$ 氧气理论上可节电 $7kW\cdot h/t$ 以上。提高 $1m^3$ 氧气的节电量，是电炉技术发展的一个主要方向，也是解决目前电炉炼钢困难的一项关键技术措施[45]。

电弧炉炼钢过程中，吹氧操作对于缩短冶炼时间，降低电耗有着十分明显的效果。图 2-11 显示了氧气消耗与电能消耗的置换关系。现代电弧炉冶炼工艺中，由于碳氧反应造成的熔池搅动及形成的泡沫渣对熔池升温的作用十分明显，故吹氧操作在冶炼时自始至终进行，只有在出钢和加料时才停止[46]。

2.3.1　炉壁氧枪

现代电弧炉供氧技术中，最常用的供氧设备为炉壁氧枪。炉壁氧枪具有能使炉内反应面积增加；加快废钢熔化速度，并且使废钢熔化速度均匀，消除滞后熔化；保证炉内温度均匀上升，脱碳反应面积增大，实现二次燃烧[47]等特点。另外炉壁氧枪还可以减少局部区域单位面积的供氧强度，防止因峰值脱碳速度过高而引起的大沸腾及喷溅[48]。

美国普莱克斯公司（PRAXAIR）采用有 LPG 喷口和氧气喷口的水冷氧枪，即 Cojet 技术[49]，已在全球 100 多座电炉上得到应用。该枪借助水冷铸铜板固定在水冷炉壁上，每支氧枪的一侧配合使用一支单独的自耗碳粉喷吹管，具有烧嘴和喷氧的双重功能。该氧枪可喷射束束射流，射流距离长且不散发，如图 2-12 所示[50]。主氧枪为三层套管结构，有主氧喷嘴、煤气喷嘴及环氧喷嘴。在冶炼前期预热废钢，在冶炼中后期，氧气以集束射流的形式从主氧枪吹入熔池钢水中，提高了氧气利用率，加速脱碳反应及升温。

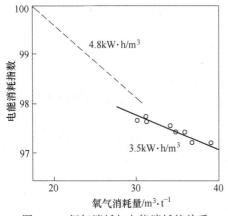

图 2-11　氧气消耗与电能消耗的关系

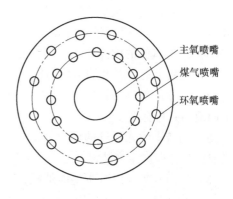

图 2-12　Cojet 主氧枪喷头结构

宝钢 150t 双壳电炉在应用了 Cojet 炉壁氧枪（同时也是集束射流氧枪）后取得了冶炼周期缩短，电耗下降及电极消耗下降等显著效果，见表 2-9[51]。

表 2-9　宝钢 150t 双壳电炉应用 Cojet 效果

项　目	通电时间/min	电耗/kW·h·t^{-1}	出钢到出钢时间/min	电极消耗/kg·t^{-1}
使用前	44	285	54	0.95
使用后	37	225	45	0.85

石家庄钢铁公司曾与北京科技大学进行合作开发了 USTB 供氧技术[52]，将三支炉壁氧枪的其中两支分别布置在炉门两侧各一支，炉后 EBT 处一支。炉门两侧的氧枪主要进行助熔、脱碳及二次燃烧。通过富氧操作充分利用未完全燃烧的 CO 气体进行二次燃烧，产生更多的热量加速熔化废钢，提高炉内温度。最终使脱碳效率从 0.04~0.05%/min 提高到 0.06%/min，在温度及渣况合适时最大可达 0.10~0.12%/min。

济钢石横特钢厂为其 3 号 EBT 电炉增设 2 支炉壁氧枪后，顺利使冶炼周期下降17min，电耗减少 21kW·h/t，吹氧管消耗减少 0.4kg/t，每年综合实现经济效益约 160万元。

衡钢炼钢分厂 1 号电炉原为人工吹氧，电耗高，冶炼周期长。该厂于 2004 年对该炉进行改造，采用了炉壁氧枪、氧油枪及喷碳枪。经过工业实践，有效地缩短了该炉的熔化时间，消除了炉内冷区；提高脱碳速度至 0.06~0.12%/min，提高升温速度至 10~15℃/min，缩短氧化时间至 8~15min；并改善了炉体寿命及工人工作环境。

2.3.2　炉门氧枪

炉门吹氧系统是我国早期就已经引进的技术，是使用年代最长、最常见的供氧方式，国内可以完全自主生产。使用炉门氧枪后，相比以往的人工吹氧方式，脱碳速度大大提高，极大地降低了劳动强度，使国内电炉达到较高的冶炼水平[53]。

在炉门吹入氧气，主要是利用氧气在一定温度下，与钢铁料中的铁、硅、锰、碳等元素发生氧化反应，放出大量的热量，使炉料熔化，从而起到补充热源、强化供热的作用。

炉门吹氧基本原理：

（1）从炉门氧枪吹入的超声速氧气切割大块废钢；

（2）电弧炉内形成熔池后，在熔池中吹入氧气，氧气与钢液中元素产生氧化反应，释放出反应热，促进废钢的熔化；

（3）通过氧气的搅拌作用，加快钢液之间的热传递，因此能够提高炉内废钢的熔化速率，并且减小钢水温度的不均匀性；

（4）大量的氧气与钢液中的碳发生反应，实现快速脱碳，碳氧反应放出大量热，有利于钢液达到目标温度；

（5）向渣中吹入氧气的同时，喷入一定数量的碳粉，炉内反应产生大量气体，使炉渣成泡沫状，即产生泡沫渣；

（6）炉门吹氧可以减少电能消耗。

我国宝钢 150t 超高功率电弧炉采用自耗枪切割废钢后改用水冷氧枪吹氧，直至冶炼结束，在铁水比为 30%、出钢量为 150t、留钢量为 30~35t 的前提下，得到电耗与氧耗的回归关系为：

$$E = 435.84 - 5.02\left(\frac{2}{5}O_{CL} + O_{WCL}\right) \tag{2-2}$$

式中 E——电耗值，kW·h/t；

   O_{CL}——自耗氧枪氧量（标态），m³/t；

   O_{WCL}——水冷枪氧量（标态），m³/t。

从上式可以看到，对于水冷氧枪，每标立方米氧气约相当于 5.02kW·h 电能，自耗枪供氧所产生的能量效应也相当于水冷枪的 2/5。

炉门氧枪主要有以下几种：

（1）自耗式炉门氧枪。这种氧枪指的是吹氧管和碳粉喷管随着冶炼进程逐渐熔入钢水的一种消耗式装置。该类型氧枪的生产厂家主要有德国 BSE 公司、美国 Berry 公司等。如德国 BSE 公司采用的多功能组合枪 LM2 便结合了氧枪和喷碳枪的作用，该枪是通过机械手组合起来的多功能设备[54]（图 2-13）。

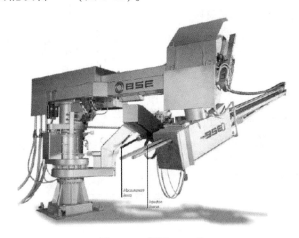

图 2-13   德国 BSE 枪

全套 LM2 机械手由坚固的钢结构组成，与两个旋转手一起安装在一个圆柱上。上旋转手支撑是氧枪和碳枪驱动装置，下旋转手支撑一个供安装测温取样器的底盘。取样测温在不断电、不间断吹氧和吹碳的操作下进行。天津 150t 电炉也配有自耗氧枪。新疆八一钢铁有限责任公司 70t 超高功率直流电弧炉采用德国 BSE 公司开发的喷枪机械手。大冶特钢 70t 超高功率电弧炉采用多功能组合枪 LM2。

（2）水冷式炉门碳氧枪。现今使用的水冷式炉门氧枪基本为组合结构的碳氧枪，其主要具有以下作用[55]：1）熔化初期在煤粉的燃烧作用下加热炉门口废钢，使炉门氧枪提前发挥作用；2）喷吹煤粉助熔，加速废钢熔化速度；3）利用煤粉代替碳粉制造泡沫渣；4）采用控制模型控制总供氧量，实现二次燃烧及脱碳的需求。

水冷式炉门碳氧枪的吹氧和喷碳粉可做成一体，也可分开。合为一体时氧枪头部中心孔为喷碳粉孔，下部氧气喷孔可以单孔也可以双孔，孔与氧枪轴线下偏 30°~45°，两孔轴线夹角为 30°。氧气喷嘴采用双孔超声速喷嘴设计，以加强喷溅和搅拌的作用。喷嘴马赫数设计范围，根据厂方供氧条件一般选择出口速度范围 $Ma = 1.6~2.0$，氧气流量（标态）

$Q = 1800 \sim 6000 m^3/h$。吹氧和喷碳分开时，碳粉一般通过炉壁碳枪从炉壁吹入。水冷氧枪是专门设计的，由三层钢管配合，镶接紫铜喷头的水冷氧枪。

水冷式炉门氧枪根据生产厂家的不同，各有不同的特点：

（1）德国 Fuchs 公司的水冷氧枪喷射出氧气与熔池平面成 50° 夹角，以保证氧气射流对熔池有较高的冲击力，以搅动熔池，使熔池进行氧化反应。

（2）美国 Berry 公司开发的复合水冷喷枪将吹氧和喷碳粉（造泡沫渣）的通道放在一个水冷枪体内，其枪体为四层同心套管，类似于顶吹转炉的双流道二次燃烧氧枪。

（3）美国 Praxair 公司的水冷式炉门燃气氧枪除吹氧外，还可以喷吹油或燃气，能够增加辅助能量输入。

（4）意大利组合枪，即喷吹氧和碳粉采用同一支枪。组合枪的特点是碳氧喷吹点接近，碳氧利用率高。碳氧枪装置主要由枪体（图 2-14）、机械系统、气动系统、电控系统、水冷系统、碳粉存储罐六部分组成。

氧枪采用的是拉瓦尔型喷头（图 2-15 和图 2-16），喷头用紫铜加工而成。杭钢 80t 电炉炉门枪采用这种意大利组合枪。

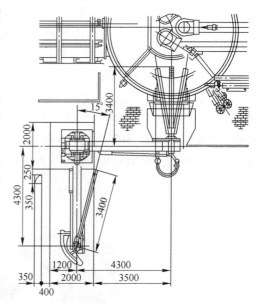

图 2-14　碳氧枪装置图

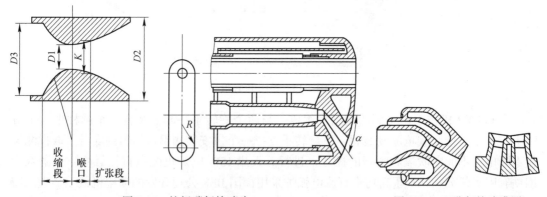

图 2-15　炉门碳氧枪喷头　　　　　　　图 2-16　双孔氧枪喷嘴图

（5）1996 年 6 月，北京科技大学冶金喷枪研究中心，成功开发了电炉水冷炉门氧枪，并在韶钢 20t 电弧炉试验成功。该炉门氧枪为全液压驱动，极大地改善了现场工作的劳动条件，代替了 80% 的人工炉门吹氧，同时节省吹氧管 2~3kg/t 钢，并维持氧耗、电耗及电极消耗与原工艺不变[56]。

2.3.3　EBT 氧枪

EBT 氧枪为安装在电弧炉 EBT 区域的氧枪，如图 2-17 所示。其结构与普通电弧炉氧枪并无区别。由于 EBT 区是电弧炉的冷区之一，EBT 氧枪的出现恰好解决了该区温度较低的问题。同时，EBT 氧枪还有促进熔池温度与成分均匀，实现 CO 二次燃烧、助熔等功能；必要时，还可以进行熔池脱碳[57]。一般 EBT 处不设置喷碳孔[58]。

图 2-17　EBT 氧枪在炉内的实际安装位置[59]

2000 年南钢 70t UHP-EAF 电炉使用了 EBT 顶式氧枪，用以促进该区废钢熔化。经过该厂实践发现，安装 EBT 氧枪需要注意不应使得 EBT 较浅的钢水影响 EBT 区耐火材料，同时该作用区应避开出钢口。EBT 氧枪喷头结构如图 2-18 所示，其枪体夹角、安装位置及入炉长度是设计、安装的关键。

2001 年莱钢特钢公司使用了 EBT 氧枪后，完全解决了 EBT 区域废钢出钢时还未熔化及造成出钢口打不开等问题，可以使炉门口与 EBT 区域的温度和成分误差在 0.5% ~ 1.0% 之间[57]。

图 2-18　EBT 氧枪喷头结构

2.3.4　集束射流氧枪

随着国内电炉企业不断提高热装铁水比[60]，使得炉壁氧枪以及炉门氧枪的供氧能力难以满足冶炼要求[20]。同时传统的收缩-扩张型拉瓦尔多孔氧枪，由于受枪位的限制[61]，氧气流股衰减难以满足冶炼的需要。为了得到更强的搅拌效果，集束射流氧枪技术应运而生。

集束射流氧枪是在传统的超声速氧枪上附加伴随流，减缓氧气射流衰减，使其具有更强的穿透力[62,63]。其基本结构是在拉瓦尔喷管的周围增加燃烧高温气流，使从拉瓦尔管喷射出来的气流被高温低密度介质的伴随流所包围。主氧气射流与外界环境气体处于隔绝状态，由于难以卷入环境气体，氧气射流速度衰减变缓，保证了氧气射流的初始速度，形成超声速集束射流[64]。

美国 Praxair 公司和北京科技大学相继开发了集束射流技术，该项技术比传统超声速射流在超过喷嘴直径 70 倍的喷吹距离内都可以保持其原有的速率、直径及气体的浓度及喷吹冲击力；传统氧枪 0.254mm 处的冲击力与凝聚射流 1.37mm 处的冲击力相当；对熔池的冲击深度要高两倍以上，气流的扩展和衰减要小，减少熔池喷溅及喷头粘钢。

相比转炉炼钢过程，电弧炉炼钢过程的供氧强度较低，集束供氧技术率先在电弧炉上实现。通过实际生产发现，集束射流可以极大地提高氧气利用率[65]，增加氧气对钢液的搅拌强度，更好地促进钢渣反应、提高金属收得率并减少喷溅[66]。该技术已在国内外多家钢厂得到应用[67]。

意大利 LSP 钢厂将该厂 76t 电弧炉侧壁燃烧器和单管氧枪替换成 3 个集束射流氧枪喷头后，供氧速度达到 1200m³/h，燃烧能力达到 3MW，生产率提高近 12%，热耗降低 300kW·h/t。

美国伯明翰钢铁公司西雅图厂将其 125t 电炉上的燃烧器和水冷炉门氧枪替换成 3 个集束射流氧枪后，电耗降低 29kW·h。电极消耗降低近 15%，提高每小时钢产量 11.4%，并提高了喷嘴寿命[68]。

德国 BSW 钢厂为了解决因偏心底出钢口吹氧清理和出钢时碳含量过高等造成冶炼时间延长的问题，在偏心炉底出钢口安装了集束射流氧枪喷头。而后又在其侧壁加装了集束射流氧枪系统，提高了电炉的生产率，创造了日产 50 炉钢的世界纪录[69]。

2006 年 8 月[70]，西钢集团公司为了解决原有炉门氧枪喷射距离短、冲击力小以及氧气利用率低等缺点，使用超声速集束氧枪，并取得良好的生产效果，电炉加 50% 铁水，缩短了冶炼时间，达到了降耗的目的。该厂使用的集束氧枪射程可达 0.8~1m，穿透力大，有很强的助熔能力。同时配以碳粉喷吹系统，还原渣中氧化铁，提高金属收得率。最终该厂电弧炉脱碳速度比改造前提高了 4 倍，冶炼时间平均每一炉缩短 40min。

2007 年南京钢铁集团在其 100t 电弧炉上装备了从美国 Praxair 公司进口炉壁集束氧枪，装备投入使用后，热装铁水比从 30% 提高到 50%，供氧强度从 1.0~1.5m³/(t·min) 提高到 2.0m³/(t·min)。并且在优化操作工艺后，基本避免了水冷件漏水的事故，并且使得命中率从不足 60% 提高 75% 以上，冶炼周期缩短近 10min[71]。

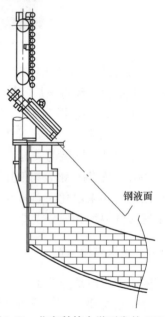

图 2-19　北京科技大学开发的 USTB 集束供氧系统氧枪安装示意图

2007 年，由北京科技大学开发的 USTB 集束供氧系统在通钢使用，其氧枪安装形式如图 2-19 所示。与通钢原先单独使用的 More 炉门氧枪相比，USTB 系统可以更快熔化废钢，消除加料口废钢堆积现象，更有利于泡沫渣的稳定，加快了脱磷、脱碳速度。每炉通电时间降低 25min，冶炼周期平均缩短 16min，电极消耗下降 0.2kg/t、电耗下降 180kW·h/t。由此可见，电炉的供氧强度得到了极大的提高。

2.4　电炉炼钢多尺度节能的技术内容

2.4.1　多尺度方法

时空多尺度结构[72~75]的量化是复杂性科学研究的焦点与推动过程工业进步必须解决的关键科学问题，而多尺度方法是研究复杂结构的有效方法之一，既有助于解决过程工业的瓶颈问题，又抓住了复杂性科学的关键，可推动复杂性科学的发展[76~79]。

多尺度研究涉及很多领域[80~84]。美国自然科学基金会工程的科学学科将多尺度研究作为优先资助领域，美国《Science》杂志多次发表多尺度和复杂性科学的专刊[85,86]，更有人将多尺度科学称为"21世纪的挑战"等。多尺度分析被列为复杂性科学研究的重要课题[87]，国内外也有很多文章对"多尺度方法"进行研究与应用的介绍[88~91]。

2.4.2　冶金过程的多尺度结构分析

钢铁工业是一类典型的关于物质转化的过程工业。以钢铁联合企业的钢铁生产流程[92]为例，这类流程处理的物料以金属铁为基本元素，以铁矿石为原料，经过高温的物理化学变化转化为钢坯，再经塑性加工成为合格钢材。

冶金学科涉及从微观到宏观的多种尺度[93]，小到原子或分子，大到工艺流程。

2.4.2.1　微观尺度

熔池中的脱碳反应一般为：

$$[C] + [O] \longrightarrow CO_{(g)} \tag{2-3}$$

式（2-3）所示为均匀体系中碳原子与氧原子之间的反应，未考虑传质、边界、操作和工艺等因素，即该式描述的是基于微观尺度的碳氧本征化学反应。

纯铁从室温25℃至1640℃的升温过程中，共经历了四次相变，即α-铁→β-铁→γ-铁→δ-铁→液态铁。当氧气吹入电弧炉熔池中时，钢中的碳、锰、硅、铁、磷、铝、铬等元素被氧化放出化学反应热。

吹氧的开始阶段，钢液温度比较低，含氧量不足，在气体和钢液面的界面上，主要是碳的直接氧化；当炉中钢液温度不断升高和其中氧含量足够之后，吹入熔池中的氧气，首先氧化钢液中的铁，生成的FeO立即溶于钢液中，然后依靠氧气泡的机械搅拌作用，迅速扩散到反应区，使碳发生氧化，也就是碳的间接氧化。

硅是在钢铁溶液中是不可避免的元素，它可以无限地溶解在铁液中并与铁形成金属化合物。硅和氧的亲和力比较大，在吹入氧后，硅和它的反应属于强放热反应。

锰也是一种比较容易氧化的元素。它可以形成一系列的氧化物，如MnO_2、Mn_2O_3、Mn_3O_4和MnO。在这些锰的氧化物中，只有MnO在高温下比较稳定。锰的氧化也是放热反应，随着温度的升高氧化程度随之减弱。它与硅相似，锰的氧化可以是锰与溶解在钢液中的氧元素相互作用的结果。

铁氧化燃烧的产物是液体，放出热量，并且存留于炉子内部，因此它的热效率最高。但由此会带来铁回收率降低，也就意味着生产成本的增加。为了降低铁的耗损，向炉内喷吹入或者加入碳粉，用来将渣中的氧化铁还原出来，从而既造成泡沫渣，提高了电弧的加热效率，又回收了渣中的铁。

2.4.2.2　介观尺度

炼钢过程中脱碳反应速率远大于熔池中的传质速率。在反应区附近，熔体中的传质速率表征着炼钢过程的脱碳速率。在相界面上本征化学反应速率高，处于化学平衡状态，所以决定着炼钢过程的脱碳速率的是边界层内的传质。边界层的尺度介于微观尺度与宏观尺度之间，称为介观尺度。

为了生产过程中需要的原料向合格钢水的转化速率，必须由外部提供足够的热量。热传递遍及整个炉膛，包括固态炉料内传导传热、电弧和炉壁辐射给热、炉气和火焰对流给热、相变及熔化前沿的推进、液体内部对流传热和化学反应热等。介观尺度现象中热量的传递涉及的几何空间为整个电弧炉炉膛。

2.4.2.3　单元操作级尺度

研究表明，熔池的反应速度不仅取决于熔体的传质系数，还和单位熔体的反应界面积有关。炼钢过程中活跃熔池相对于静止熔池中的脱碳速率要高数十倍。在炼钢过程中，用反应产生的气体和底吹气体对熔池进行搅拌可以使钢水、气体和炉渣充分混合达到乳化，大大提高熔池的反应界面积，进一步提高碳氧反应的宏观传质速率。在现行炼钢生产中，这种熔池中的整体行为涉及的尺度约为 $10^0 m$，是单元操作级尺度[93]。

2.4.2.4　工位级尺度

碳氧反应速率的提高使得炼钢过程中吹氧脱碳时间缩短。实际情况表明：非吹炼操作时间对冶炼周期和生产速率的影响很大。进一步提高炼钢生产速率主要有两个方面的措施：一是扩大炉容，增加出钢量；二是在提高脱碳速率的基础上，努力缩短非吹炼操作时间。这些操作和措施所涉及的工位级尺度大约是 $10^1 m$ 的数量级[93]。

2.4.2.5　工序级尺度

炼钢过程高效化涉及更广泛的尺度范围，如炉后的炉外精炼，更涉及钢水的凝固成型。这些前步和后步构成了炼钢工序级的尺度，大约在 $10^2 m$ 的数量级。

2.4.3　炼钢过程多尺度研究情况

多尺度方法是研究复杂结构的有效方法之一，冶金领域也有利用多尺度方法对电弧炉炼钢流程能量的研究。

刘明忠[94]在论文中指出时空多尺度结构是自然界普遍存在的客观事实，结合新兴铸管十余年来转炉炼钢高效化的生产实践。从炼钢高效化的效应中讨论存在的五个尺度层次的时空多尺度结构。

孙开明[95]以天津钢管公司 150t 电弧炉炼钢过程为研究对象，探讨其物质转化过程中的时空多尺度结构及其效应，特别是进行相邻两个尺度之间的跨尺度能量集成的探索研究，在工位级按能量将较低一级尺度的供电和供氧两项功率单元进行有效的集成。

但是他们都是对流程能量的静态分析。如何利用多尺度方法，同时利用信息技术与计算机技术，研究电弧炉炼钢流程的能量状况，实现多尺度能量的集成，并建立以成本最优为基础的动态能量/成本控制系统是很有意义的。

郁健[84]对电弧炉炼钢的物质转化过程中的时空多尺度进行了研究，主要研究多尺度的结构、每个尺度级的过程各自具有什么样独特的数学物理特征、单元操作级和工位级这两个相邻尺度之间进行跨尺度的能量集成。选择天津钢管公司 150t 电弧炉炼钢过程为对象进行工业生产试验，力争取得高效、节能的效果。

通过研究分析了电弧炉炼钢过程的冶金学特征，指出供应能量对电弧炉炼钢的物质转化过程起到了决定性的作用。观察、认识到在炼钢过程中存在着微观、介观、单元操作级和工位级等尺度级的时空多尺度结构。在工位级按能量将供氧、供电两项功率单元进行跨尺度集成，形成了工位级跨尺度能量集成的一般方法，并用数学公式进行了描述。电弧炉炼钢过程中存在的时空多尺度结构如图 2-20 所示。

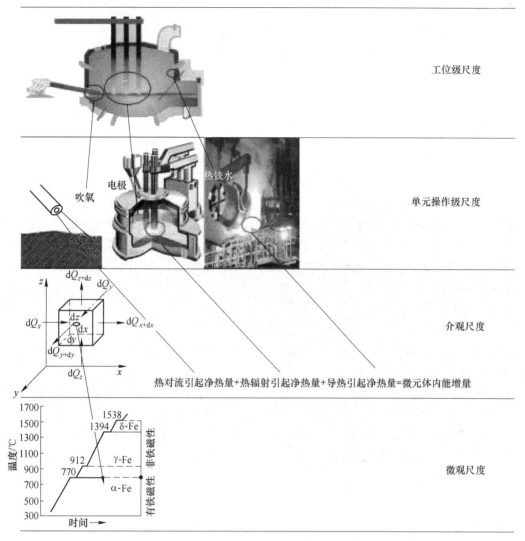

图 2-20　电弧炉炼钢过程中存在的时空多尺度结构

根据炉料结构确定冶炼过程总的能量需求，按冶金操作确定各个时段的能量需求。每一时段内先确定物理热，然后确定氧气流量，再确定电弧功率，进而使两项功率单元对时间的积分之和满足工位级该时段的能量需求，最终使各时段的能量供应之和与实现物质转化的总能量需求相匹配。工位级跨尺度能量集成的一般步骤如下：

（1）分时段。按冶金操作将有效供能时间 t_{tot} 分为 n 个时段，开始通电时刻记为零时刻，第 i 时段的结束时刻记为 t_i（$i=1,2,\cdots,n$），其时间长度记为 t_i'，则有

$$t_{tot} = \sum_{i=1}^{n} t_i \qquad (2\text{-}4)$$

（2）低一级的单元操作。第 i 时段内共有 m 个功率单元，先确定第 i 时段第 j 个功率单元，可表示为 p_i^j（$j=1,2,\cdots,m-1,j\neq m$），最后确定的是电弧功率，记为 p_i^m。

（3）第 i 时段的能量需求。根据炉料结构及有效供能时间，可确定达到冶炼要求的总能量需求，记为 E_q^T，其中第 i 时段的能量需求 E_{qi} 可表示为：

$$E_{qi} = \sum_{j=1}^{m} \int_{t_{i-1}}^{t} p_i^j \mathrm{d}t + \int_{t_{i-1}}^{t} p_i^m \mathrm{d}t \tag{2-5}$$

（4）工位级跨尺度能量集成。工位级总能量集成的数学物理描述可表示为：

$$E_S^{\mathrm{T}} = \sum_{i=1}^{n} \left[\sum_{j=1}^{m} \int_{t_{i-1}}^{t} p_i^j \mathrm{d}t + \int_{t_{i-1}}^{t} p_i^m \mathrm{d}t \right] \geqslant E_q^{\mathrm{T}} \tag{2-6}$$

式中　E_S^{T}——累计能量供应值，kW·h；

　　　E_q^{T}——能量总需求值，kW·h；

　　　t——时间，s。

基于上述工位级跨尺度能量集成的研究，建立了电弧炉炼钢过程能量集成模型（命名为 EAF SPM），其中包括炼钢过程的冶金模型和热模型。在此基础上采用"先氧后电"的供能决策顺序，即根据炉料结构确定冶炼过程总的能量需求，按冶金操作确定各个时段的能量需求，每一时段内先确定物理热，然后确定氧气流量（即化学能的输入），再确定电弧功率，进而使能量供应满足该时段的能量需求，最终达到各时段的能量供应之和与总能量需求的匹配。

在天津钢管公司 150t 电弧炉炼钢进行工业试验的结果：连续炉号 091472 ~ 091491，共 20 炉，均为三元炉料结构（废钢+生铁+热铁水）工况，共计生产钢水 2694t。其平均炉料结构为：废钢配入量 95.6t 占 63.8%；生铁配入量 14.14t，占 9.6%；铁水配入量 39.8t 占 26.6%；总装入量 149.8t。

150t 电弧炉炼钢使用三元炉料的工况下，采用两篮装料制度，故按炼钢工艺要求和冶金操作，整个冶炼过程由四个供能时段和三个非供能时段组成。

工业试验和工业生产表明：跨尺度集成的理念和方法与炼钢生产相结合可取得较好的生产效果，平均冶炼电耗为 271kW·h/t，氧气消耗为 40.4m³/t，冶炼周期为 52.9min。

参 考 文 献

[1] 荣文丽，武力. 中国当代钢铁工业发展的思想与实践 [J]. 河北学刊，2013 (1)：137~144.

[2] 娄湖山. 国内外钢铁工业能耗现状和发展趋势及节能对策 [J]. 冶金能源，2007 (2)：7~11.

[3] Metius G E, Mcclelland J M, Hornby-Anderson S. Comparing CO_2 emissions and energy demands or alternative ironmaking routes [J]. Steel Times International, 2006, 30 (2)：32~36.

[4] Kawamura, Akira, Klawonn, et al. Development of energy consumption and productivity of a gas based direct reduction iron-making processes [J]. Research and Development Kobe Steel Engineering Reports, 2006, 56 (2)：32~36.

[5] 杜涛，蔡九菊. 钢铁企业物质流、能量流和污染物流研究 [J]. 钢铁，2006, 41 (4)：82~87.

[6] 蔡九菊，王建军，陆钟武，等. 钢铁企业物质流与能量流及其相互关系 [J]. 东北大学学报 (自然科学版)，2006, 27 (9)：979~982.

[7] Abraham S S C. EAF energy and material balance modeling [J]. Iron and Steel Technology, 2008, 5 (2)：32~40.

[8] Fior A A, Sellan R. Charging hot metal to the EAF-a route for integrated steel plants [J]. Steel Times International, 2002, 26 (5).

[9] Fruenhan R. Oxygen versus EAF steelmaking in the 21st century [J]. Transactions of the Indian Institute of Metals, 2006, 59 (5): 607~617.

[10] Memoli F, Mapelli C, Ravanelli P E. Simulation of oxygen penetration and decarburisation in EAF using supersonic injection system [J]. Transactions of the Indian Institute of Metals, 2004, 44 (8): 1342~1349.

[11] 刘仁刚, 李士琦, 李伟立. 现代电弧炉炼钢 [M]. 北京: 原子能出版社, 1995.

[12] 李展. 基于经济指标的电弧炉工艺优化模型研究 [D]. 西安: 西安电子科技大学, 2011.

[13] 杨宁川, 黄其明, 何腊梅, 等. 炼钢短流程工艺国内外现状及发展趋势 [J]. 中国冶金, 2010 (4): 17~22.

[14] Gerhard Fuchs, Knut Rummler, Manfred Haissig. New energy saving electric arc furnace designs [J]. AISTech 2008 Proceedings, 2008: 709~721.

[15] 孙智刚, 田斌, 王耀琨, 等. 能量平衡理论在电弧炉节电上的应用 [J]. 工业加热, 2012 (1): 13~14.

[16] Calo Travaglini, Romano Selian. High-tech danieli fastarctm eaf [J]. AISTech 2008 Proceedings, 2008: 699~708.

[17] 刘润藻, 郁健, 高金涛, 等. 电弧炉炼钢节能技术的发展 [J]. 工业加热, 2007 (6): 5~7.

[18] 全国冶金节能减排新技术知识竞赛组委会专家组. 现代电炉炼钢技术节能分析 [N]. 中国冶金报, 2009.

[19] [日] 南条敏夫. 现代电弧炉炼钢 [M]. 李中祥, 译. 北京: 冶金工业出版社, 2000.

[20] 贺庆, 郭征. 电弧炉炼钢强化用氧技术的进展 [J]. 钢铁研究学报, 2004, 16 (5): 1~4.

[21] 陈兴华, 周剑. 100t 电炉集束氧枪技术转化 [J]. 南钢科技与管理, 2010 (3): 16~18.

[22] 李士琦, 陈煜, 刘润藻, 等. 现代电弧炉炼钢技术进展 [J]. 中国冶金, 2005 (6): 8~13.

[23] 刘冲, 洪镇南, 唐伟. 交流电弧炉电极调节系统的智能控制 [J]. 电气传动自动化, 2009, 31 (2): 11~14.

[24] 黄亮, 赵辉. BP 神经网络模糊控制在电弧炉电极调节系统中的实现 [J]. 电气自动化, 2010, 32 (3): 18~20.

[25] 范超英. 铜钢复合导电横臂的设计制造与维护 [J]. 工业加热, 2009, 38 (2): 50~52.

[26] 王磊, 秦晓平, 熊昆鹏, 等. 超高功率直流控制技术在杭钢电弧炉的应用 [C] //全国冶金自动化信息网 2010 年年会, 青岛, 2010.

[27] Stade D. Mathematical Simulation of D. C. Arc Furnace Operation in Electric Power Systems: Proceeding of the IEEE 7th Inter-national Conference on Harmonics and Quality of Power (ICHQP), Athens, Greece, 1998.

[28] Kobayashi S, Hatono A, Kuriyama A. Development of the slag level gauge using microwaves [J]. Tetsu-to-Hagane, 1981, 67 (4): 223.

[29] 罗家顶, 何勇, 周英豪. 60t Consteel (康斯迪) 电弧炉泡沫渣冶炼的工艺实践分析 [J]. 现代机械, 2011 (1): 63~66.

[30] 徐迎铁, 陈兆平, 刘涛. 电炉冶炼不锈钢的泡沫渣技术探讨 [J]. 世界钢铁, 2010, 10 (5): 12~16.

[31] 蔡晓景, 陈少杰, 林名驰. 珠钢 150t 电弧炉喷碳系统的改进 [J]. 冶金丛刊, 2011 (2): 27~29, 33.

[32] 林涤凡. 电弧炉炼钢节电技术 [J]. 冶金丛刊, 2006 (2): 43~45.

[33] 俞海明. 炉壁氧燃烧嘴在 110tEAF 炼钢过程中的应用分析 [J]. 新疆钢铁, 2007 (2): 19~22.

[34] 樊瑾伟, 曹忠平. 70t 电炉二次燃烧系统的控制特点 [J]. 新疆钢铁, 2003 (3): 35~37.

[35] 张亚文. Consteel 电炉二次燃烧控制技术 [J]. 冶金自动化, 2010 (2): 62~65.

[36] 朱荣, 王广连, 刘润藻, 等. 电炉炼钢能量回收利用取得新进展 [N]. 中国冶金报, 2011.

[37] 王军涛, 王宝明, 纪连海. 电炉热装铁水比例对冶炼工艺的影响分析 [J]. 天津冶金, 2012 (4): 4~6.

[38] 吴明洋, 于辉, 谷昊, 等. 50t 电弧炉热装铁水工艺实践与应用 [J]. 工业技术, 2013 (35): 73~74.

[39] 李学超. 太钢一钢厂电炉吹氧工艺优化 [J]. 山西冶金, 2010 (5): 13~14.

[40] 王磊. 综合智能优化控制策略在电弧炉炼钢生产中的应用 [D]. 西安: 西安理工大学, 2007.

[41] 李士琦, 武骏, 李京社, 等. 电炉炼钢电气运行与电炉技术的发展 [J]. 特殊钢, 1999 (4): 9~12.

[42] 阎立懿, 刘喜海, 肖玉光. 现代炼钢电炉合理供电制度的制定 [J]. 北京科技大学学报, 2007 (S1): 56~60.

[43] 李士琦. 我国电炉炼钢工序能耗现状和供电制度的优化 [J]. 炼钢, 1998 (4): 40~44.

[44] 庞洪亮. 90 吨超高功率电弧炉炉壁碳氧枪改造 [J]. 黑龙江冶金, 2006 (2): 23~25.

[45] 傅杰, 柴毅忠, 毛新平. 中国电炉炼钢问题 [J]. 钢铁, 2007 (12): 1~6.

[46] 王新华. 钢铁冶金·炼钢学 [M]. 北京: 高等教育出版社, 2007.

[47] 王振宙, 朱荣, 焦兵, 等. 强化冶炼用氧技术在电炉上的应用 [J]. 工业炉, 2005 (2): 11~13.

[48] 安玉生, 柴建铭, 李進勇. EBT 电炉采用炉壁氧枪生产实践 [N]. 世界金属导报, 2004.

[49] 王涛, 袁刚, 张琪渔, 等. 普莱克斯气体应用技术在钢铁工业的应用 [C] //2007 中国钢铁年会, 成都, 2007.

[50] 杜俊峰. 现代电炉多功能炉壁碳氧喷枪技术的发展 [C] //第七届 (2009) 中国钢铁年会, 北京, 2009.

[51] 杨宝权, 王洪兵, 林闻维, 等. 宝钢 150t 电炉多功能氧枪应用实践 [C] //2005 中国钢铁年会, 北京, 2005.

[52] 王振宙, 朱荣, 宋建新, 等. 电炉炉壁氧枪在石钢电炉的应用 [J]. 工业炉, 2007 (3): 19~20.

[53] 傅杰, 朱荣, 李晶. 我国电炉炼钢的发展现状与前景 [J]. 冶金管理, 2006 (8): 20~23.

[54] 刘会林, 朱荣. 电弧炉短流程炼钢设备与技术 [M]. 北京: 北京工业出版社, 2012.

[55] 朱荣, 仇永全, 孙彦辉, 等. 电炉多功能炉门枪装置的研制及实践 [J]. 钢铁, 1999 (11): 26~28.

[56] 朱荣. 电炉炉门碳氧枪装置 [J]. 金属世界, 2003 (6): 38~39.

[57] 朱荣, 仇永全, 刘艳敏, 等. 莱钢特钢 50t 电炉用氧技术的实践 [J]. 工业加热, 2002 (2): 28~30.

[58] 朱荣, 张志诚, 仇永全. 电弧炉炼钢炉壁碳氧喷吹系统的开发和应用 [J]. 特殊钢, 2003 (5): 39~40.

[59] 刘侃先. 珠钢 2 号电炉氧枪系统控制功能的优化 [J]. 冶金丛刊, 2010 (4): 22~26.

[60] 邵明海. 电炉炼钢中热装铁水工艺技术的应用与降耗分析 [J]. 工业, 2015 (24): 131.

[61] 沈明钢, 耿继双. 集束射流氧枪技术及应用 [J]. 鞍钢技术, 2010 (3): 1~4.

[62] Anderson J E, Mathur P C, Selines R J. Method for introducing gas into a liquid [P]. US, 5814125, 1998.

[63] Andreas Metzen, Gerhard Bunemann, Johannes Greinacher. Oxygen Technology for Highly Efficient Electric Arc Steelmaking [J]. MPT International, 2000 (4): 84~92.

[64] 杨文远, 郑丛杰, 崔健, 等. 我国炼钢用氧技术的现状及今后工作的建议 [J]. 炼钢, 2001 (3): 1~5.

［65］ Gavaghan B P. MacSteel gains efficiencies with praxair Coherent Jet ［J］. Iron&Steelmaker, 1997, 24 （10）: 78~82.

［66］ Mathur P C. Fundamentals and operating results of praxair Co-jet technology ［J］. Iron&Steelmaker, 1999, 26 （3）: 59~64.

［67］ Mathur P C. CoJet™ technology principles and actual results from recent installations ［J］. AISE Steel Technology, 2001 （5）: 21~25.

［68］ Lyons M, Bermel C. Operational results of Coherernt Jet at Birmingham Steel-Seatle Steel Division ［C］//Proceedings Electric Furnace Conference, 1999.

［69］ Schwing R M, Mathur P C. Maximizing EAF Productivity and lowering operating costs with praxair's Cojet technology results at BSW ［C］//Metec Conference Proceedings, 1999.

［70］ 谢国飞. 西钢超声速集束氧枪改造成功 ［N］. 中国冶金报, 2006.

［71］ 陈兴华, 周剑. 集束氧枪技术在南钢 100t 电炉上的转化 ［C］//全国炼钢-连铸生产技术会议, 2010.

［72］ Masud A, Khurram R A. A multiscale finite element method for the incompressible Navier-Stokes equations ［J］. Computer Methods in Applied Mechanics and Engineering, 2006, 195 （13）: 1750~1777.

［73］ Ghia U, Ghia K N, Shin C T. High-Re solutions for incompressible flow using the Navier-Stokes equations and a multigrid method ［J］. Journal of Computational Physics, 1982, 48 （3）: 387~411.

［74］ Xinguang He, Li Ren. An adaptive multiscale finite element method for unsaturated flow problems in heterogeneous porous media ［J］. Journal of Hydrology, 2009, 374: 56~70.

［75］ Masud A, Khurram R A. A multiscale/estabilized finite element method for the advection-diffusion equation ［J］. Computer. Methods Appl. Mech. Eng, 2004, 193: 1997~2018.

［76］ Hughes T. Multiscale phenomena Green's functions, the Dirichlet-to-Neumann formulation, subgrid scale models, bubbles and the origins of stabilized methods ［J］. Computer Methods in Applied Mechanics and Engineering, 1995, 127: 387~401.

［77］ Hughes T, Geijoo G, Mazzei L, et al. The variational multiscale method-a paradigm for computational mechanics ［J］. Computer Methods in Applied Mechanics and Engineering, 1998, 166: 3~24.

［78］ Nesliturk A I, Aydm S H, Tezer-Sezgin M. Two-level finite element method with a stabilization subgrid for the incompressible Navier-Stokes equations ［J］. International Journal for Numerical Methods in Fluids, 58 （5）: 551~557.

［79］ Haitao Z. Variational multiscale finite element method for flow problems ［D］. Xi'an: Northwestern Polytechnical University, 2006.

［80］ 胡英, 刘洪来, 叶汝强. 化学化工中结构的多层次和多尺度研究方法 ［J］. 大学化学, 2002 （1）: 12~20.

［81］ 李静海, 葛蔚. 过程工业中的多尺度效应及离散化单元模拟 ［J］. 化工进展, 1999 （5）: 11~13.

［82］ 陈家镛. 过程工业与过程工程学 ［J］. 过程工程学报, 2001 （1）: 8~9.

［83］ 郭慕孙, 李静海. 三传一反多尺度 ［J］. 自然科学进展, 2000 （12）: 24~28.

［84］ 郁健, 李士琦, 朱荣, 等. 电弧炉炼钢过程的跨尺度能量集成理论研究 ［J］. 北京科技大学学报, 2010 （9）: 1124~1130.

［85］ Service R F, Szuromi P, Uppenbrink J. Supramolecular chemistry and self-assembly special feature ［J］. Science, 2002, 99 （8）: 4818~4822.

［86］ Gallagher R, Appenzeller T. Beyond reductionism ［J］. Science, 1999, 284: 79.

［87］ Yam Y B. Dynamics of complex systems ［M］. Massachusetts: Addison-Wesley, 2002.

［88］ Li J, Kwank M. Particle-fluid two-phase flow, the energy-minimization multi-scale method ［J］. China

Particuology，2003（1）：42.

[89] Monien B，Karsch F，Satz H. Multiscale phenomena and their simulation proceedings of international conference［M］. Singapore：World Scientific，1996.

[90] 物质转化过程的多尺度效应——香山科学会议第 139 次学术讨论会［J］. 中国基础科学，2000（6）：43.

[91] Rank E，Krause R. A multiscale finite-element method［J］. Computers&Structures，1997，64（4）：139~144.

[92] 张琦，蔡九菊，庞兴露，等. 钢铁联合企业煤气系统优化分配模型［J］. 东北大学学报（自然科学版），2011（1）：98~101.

[93] 刘明忠，王训富，李士琦. 冶金过程中的时空多尺度结构及其效应［J］. 钢铁研究学报，2005（1）：10~13.

[94] 刘明忠. 转炉炼钢高效化进程中的时空多尺度结构及其效应研究［D］. 北京科技大学，2010.

[95] 孙开明. 电弧炉炼钢高效化跨尺度能量集成研究［D］. 北京：北京科技大学，2005.

3 炉外精炼技术

3.1 脱硫工艺及案例

硫对大多数钢种来讲，是有害元素。常以硫化物的形式在钢的晶界或异相界面上偏聚，对钢的质量造成极大的危害，极易引起钢的热脆性。硫不仅影响钢材的热加工性能、焊接性能和抗腐蚀性，还对钢的力学性能造成极大影响，可降低非轧制方向的强度、延性、冲击韧性。同时，硫还显著降低钢材的抗氢致裂纹（HIC）和抗硫化物应力裂纹（SSCC）能力等。

因此，用于高层建筑、载重桥梁、海洋设施等重要用途钢板，硫含量大都控制在 80×10^{-6} 以下，将来要降低到 50×10^{-6} 以下；抗 H_2S 等酸性介质的管线钢硫含量要降低到 $(1 \sim 5) \times 10^{-6}$ 的极低水平。

3.1.1 管线钢 LF 脱硫

管线钢为满足不断提高的韧性要求，特别是酸性气体输送管道抗 HIC 性能的要求。硫直接影响钢的抗蚀性能，形成的塑性夹杂物使钢的各向异性差别增大。在过去 40 年里，对钢中硫含量的要求不断提高[1]。使得管线钢深脱硫冶炼技术成为研究焦点问题之一。氮会导致低碳管线钢的时效和蓝脆现象，并影响钢板的焊接性能。钢中大量非金属夹杂物影响钢的抗疲劳性能，同时滞留在钢中的塑性硫化物夹杂会对板材非轧制方向上的冲击韧性产生严重危害。因此，在冶炼 X70 低硫石油管线钢时，深脱硫、控氮及夹杂物控制是冶炼的难点和关键。而炉外精炼脱硫是实现管线钢深脱硫冶炼的主要手段。表 3-1 为 X70 管线钢的标准成分。

表 3-1 X70 管线钢的标准成分 （质量分数）   （%）

要求	C	Si	Mn	P	S	Nb	Ti	Cr	Mo	Als	N	Ca
内控	0.04~0.06	0.10~0.20	1.50~1.60	≤0.020	≤0.008	0.06~0.08	0.006~0.018	0.14~0.18	0.05~0.08	0.02~0.04	≤0.006	≤0.006
目标	0.05	0.15	1.55	≤0.015	≤0.006	0.070	0.010	0.16	0.065	0.03	≤0.005	≤0.005

深脱硫要求还原性渣即 $w(\mathrm{TFe})+w(\mathrm{MnO})$ 低、高碱度、高温、大渣量、强搅拌；而控制钢液吸氮则要求冶炼过程中不裸露钢液。造成钢液裸露的几个关键点是弧流冲击、过强的底吹氩搅拌、钙质处理、渣层稀薄等；此外控制夹杂物则要求冶炼时一次脱氧完全、控制二次氧化、合理的精炼渣系、适度的吹氩搅拌、足够的软搅拌时间等。故在冶炼过程中，三者的控制既相互矛盾，又相互制约、相互联系，如何统筹兼顾，做到完美结合，可

以体现出精炼操作的较高水平。

3.1.1.1　工艺路线

从洁净钢生产考虑，采取铁水预处理+精炼双联工艺，具体工艺路线为：铁水预处理→复吹转炉→氩站→LF→VD（RH）→宽板坯连铸机→坯库→加热炉→轧制→检验→成品。

3.1.1.2　脱硫渣系组成

良好的渣系组成是脱硫、夹杂物去除的关键。通常低硫管线钢选择 $CaO\text{-}SiO_2\text{-}Al_2O_3$ 渣系作为脱硫渣，对 560 炉铝镇静钢精炼终渣成分进行分析，结果如图 3-1 所示。

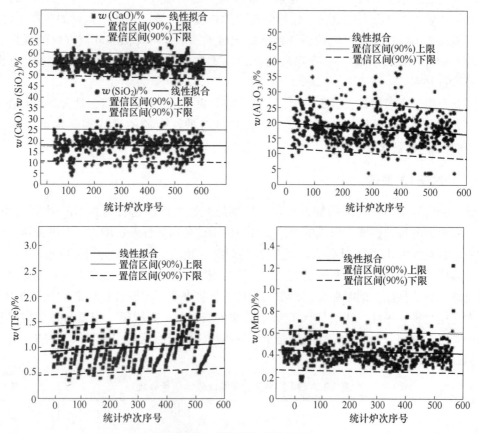

图 3-1　精炼终渣成分分析

良好的渣系组成是脱硫、夹杂物去除的关键。结合图 3-1 分析：设置置信区间 90%，认为 $CaO\text{-}SiO_2\text{-}Al_2O_3$ 渣系合理的精炼终渣组成为：$w(CaO)=51\%\sim62\%$；$w(SiO_2)=10\%\sim25\%$；$w(Al_2O_3)=14\%\sim27\%$；$w(TFe)+w(Mn)<1.5\%$。X70 在此渣系的基础上进行了微调，确定控制目标为：$w(CaO)=55\%\sim60\%$；$w(SiO_2)<20\%$；$w(Al_2O_3)=18\%\sim25\%$；$w(TFe)+w(Mn)<1.5\%$。控制渣系碱度 $R=w(CaO)/w(SiO_2)=3.0\sim5.0$ 保证炉渣在炼钢温度 1600℃下具有合适的黏度，以利于夹杂物吸附及防止钢液裸露。

3.1.1.3　渣量控制

渣量大对脱硫有利，但炉渣渣况不易调整，送电时间长，钢液易发生二次氧化，吸氮率增大，不利于真空脱气处理。故从脱硫、夹杂物控制及钢液脱气三方面考虑较佳的精炼渣量。渣量控制原则：满足脱硫的需要；渣层可有效覆盖钢液面，在钢包软搅拌及电极加热时钢液不裸露，防止钢液二次氧化及钢液吸气；同时保证可以有效吸附钢液脱氧夹杂物。

实测 160t 钢包精炼渣层厚度与渣量的关系如图 3-2 所示。160t 钢包内径 3000mm，精炼渣密度（在无泡沫化状态下）取 2.6g/cm³。

根据经验及目前实际冶炼状况，精炼渣（在无泡沫化状态下）在钢包中的渣层厚度不宜小于 70mm[2]，以防止加热钢水及搅拌时大面积裸漏钢液。由计算可知：最小的渣量控制应在 8.13kg/t 以上。结合图 3-2 分析，在精炼渣量小于 10kg/t 时，实测渣层厚度和理论渣层厚度基本一致，表明炉渣基本无泡沫化，黏度易偏小；但在精

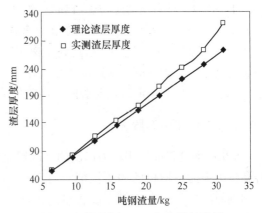

图 3-2 实测安钢 160t 钢包精炼渣层厚度与渣量的关系

炼渣量大于 20kg/t 时，实测渣层厚度明显大于理论渣层厚度，表明炉渣泡沫化严重，黏度易偏大，不利于真空脱气处理。从管线钢要求深脱硫及夹杂物控制的角度考虑，希望渣量适当大一些并具有一定的黏度。结合以上分析，在冶炼 X70 低硫管线钢时选择精炼终渣渣量控制在 15~18kg/t 为宜。

3.1.1.4 深脱硫控制分析

X70 低硫管线钢采用铁水预处理保证转炉入炉铁水初始硫含量的稳定性。在转炉出钢后钢液到达 LF 时连续取钢液样 238 组，采用质谱仪分析硫含量，结果如图 3-3 所示。由图 3-3 分析：LF 到站 $w[S]$ 基本在 0.020% 以下，为 LF 进行深脱硫创造了较好条件。但安钢 X70 低硫管线钢的控制目标 $w[Si]$ 在 0.003% 以下，LF 控制的难点在于如何快速深脱硫而尽量不增加夹杂物及钢液脱气（氢和氮）的负担。为保持生产节奏，LF 的冶炼周期控制在 35~40min 之间。随机分析 8 炉 LF 的脱硫冶炼实绩，从 LF 到站开始每间隔 5min 取一次钢液样，分析结果如图 3-4 所示，每条曲线代表 1 炉钢。

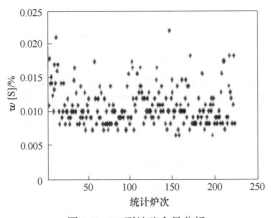

图 3-3 LF 到站硫含量分析

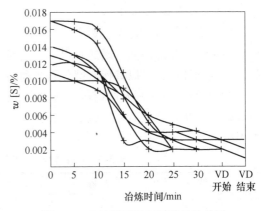

图 3-4 LF 处理时间与脱硫量的关系

由图 3-4 可知：在 LF 开始处理 10min 内，炉渣的脱硫能力较差，此阶段 LF 的主要任务是快速升温造渣，因此时渣层较薄，底吹氩气流量不宜过大，一般控制在 4.0L/（min·t）以下；脱硫的最佳时机应在节点 3~5 之间（即处理开始 10min 以后至 20min 时），因此要求 LF 必须在处理开始后 10~15min 之间造出具有强脱硫能力，并有一定碱度的白渣（$w(\text{TFe}) \leqslant 1.0\% \sim 1.5\%$）。此时要求快速满足脱硫的热力学和动力学条件，即高温、高碱度、低 $w(\text{TFe})$、强搅拌，以达到快速深脱硫的目的；节点 5 以后钢液 $w[\text{S}]$ 逐渐接近控制目标范围，炉渣的脱硫速度明显减慢。此时底吹氩气流量应快速减小，以不裸露钢液面为标准，为控制钢液吸气及脱除夹杂物创造条件。

3.1.2　SPHC 钢 LF 脱硫

SPHC 钢是目前使用较为广泛的低碳铝镇静钢，其特点是采用铝脱氧并控制 AlN 的固溶和析出来提高薄板的冲压性能[3]。硫作为钢中常见的杂质元素，易在晶界发生偏聚，影响钢的冲击性能[4]。钢中硫含量高，也容易跟钙反应生成 CaS 影响钢水的可浇性[5]。钢中带状 MnS 夹杂物数量多则影响钢板的横向延性。因此在 SPHC 生产过程中往往需要把硫控制在 100×10^{-6} 以下[6]。SPHC 钢标准成分见表 3-2。鉴于 CSP 流程的特点，要求把钢中硫含量控制在 50×10^{-6} 以下。因此，为保证产品质量和生产顺行，探讨提高脱硫率的快速脱硫新工艺具有重要意义。

表 3-2　SPHC 钢标准成分　　　　　　　　（%）

成　分	C	Si	Mn	P	S	Ti
含　量	≤0.07	≤0.02	0.20~0.50	≤0.025	≤0.015	0.02~0.05

3.1.2.1　工艺路线

马钢生产 SPHC 钢工艺以单联工艺（转炉→RH→CSP）为主，在特定情况下，应用双联工艺（转炉→RH→LF→CSP）生产。在设计工艺中，LF 进站至出站时间为 40min；钢水由 LF 钢包车至 RH 钢包车时间为 10min；RH 进站至出站时间为 47min；钢水由 RH 钢包车至连铸钢包回转台时间为 15min；连铸浇铸时间为每炉 50min。因此，设计工艺各工序时间节点能满足要求。

3.1.2.2　翻渣操作

翻渣操作是将连铸钢包铸余（含钢水和钢渣）翻罐倒入精炼钢包中进行精炼，既可以利用热量，又能提高金属的收得率。同时，由于铸余渣含有较高的 CaO 和 Al_2O_3，熔点较低、流动性好，可以替代一部分石灰和精炼渣，有效提高成渣速率和白渣效率。翻渣操作对 LF 精炼渣料消耗及脱硫的影响见表 3-3。由表 3-3 可以看出，采用翻渣操作工艺可以有效降低石灰、精炼渣和铝粒的消耗，平均每炉分别降低 367kg、189kg 和 21kg，且不影响脱硫率。

表 3-3　翻渣操作对 LF 精炼渣料消耗及脱硫的影响

工　艺	石灰/kg	精炼渣/kg	铝粒/kg	脱硫率/%
未翻渣	1282	364	139	87
翻渣	915	175	118	90

3.1.2.3 造渣制度

生产实践表明，采用45%~60%CaO+20%~30%Al$_2$O$_3$的精炼渣系，将炉渣的CaO/Al$_2$O$_3$比值控制在1.6~2.0之间，具有良好的脱硫效果且有较强的吸附夹杂能力。LF终渣平均成分见表3-4。

表 3-4   SPHC 生产 LF 终渣平均成分 　　　　　　　　　　 (%)

成分	CaO	Al$_2$O$_3$	SiO$_2$	MnO	FeO+MnO	CaO/Al$_2$O$_3$
含量	58	31	2.9	5.5	1.8	1.87

3.1.2.4 造渣过程控制

钢水进站后先组织翻渣操作，然后进入加热位，加入部分铝粒和石灰，之后进行埋弧加热，达到目标温度后，根据渣样情况补加适量的铝粒、石灰和精炼渣，迅速造出高碱度、低氧化性、有一定厚度且流动性良好的白渣。

3.1.2.5 温度制度

为了缩短精炼时间，提高脱硫效率，降低钢液的二次氧化，要对整个精炼过程实行较好的温度控制。经过长期的探索，针对 SHPC 钢种的 CSP 精炼生产制定的温度制度如图 3-5 所示。

3.1.2.6 底吹氩制度

为了保证快速脱硫的效果以及减少精炼过程中的钢液二次氧化、提高钢液洁净度，在不同的精炼时期采用不同的吹氩强度。在化渣、喂线和静搅期要采用小气量供气，尽量避免或减小钢液裸露；造渣和调合金期要采用大气量供气，但应注意不要引起钢液的喷溅。

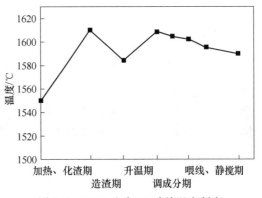

图 3-5   SPHC 生产 LF 冶炼温度制度

3.1.2.7 过程［Als］控制

钢中有较高的［Als］有利提高脱硫率，结合产品性能和成本要求，考虑连铸过程的铝损，LF 终点［Als］一般控制在 0.025%~0.035% 实际操作中，要控制加铝次数，强调一次性补铝，且要控制加铝的时机，最好不要在喂线前补铝，避免钢液的污染。

3.1.2.8 工艺效果

快速深脱硫技术的开发和改进，大幅提高了精炼过程的脱硫效率，同时也缩减了精炼时间，满足了炉机匹配要求。

（1）LF 精炼前后硫含量变化。精炼前后各炉次钢中［S］含量变化情况，如图 3-6 所示。LF 进站钢中硫含量在(150~420)×10^{-6}，平均为 250×10^{-6}，LF 终点钢中硫含量在(16~49)×10^{-6}，平均为 28×10^{-6}，整个过程平均脱硫率为 88.8%，达到了深脱硫的目的。

（2）深脱硫工艺开发前后精炼时间对比。为了更好地满足炉机匹配，有必要在满足深脱硫的前提下缩短 LF 精炼时间。深脱硫技术开发后，成渣时间从原来平均的 18min 缩

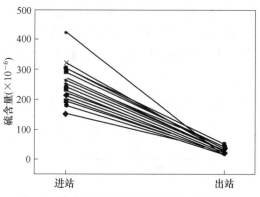

图 3-6　精炼前后各炉次钢中 [S] 含量变化

减到现在的 10min。目前，根据不同的浇铸断面，整个 LF 精炼过程的冶炼周期能较为稳定的控制在 40min，较好地满足了炉机匹配的要求。

3.2　脱氧工艺及案例

3.2.1　真空精炼碳脱氧

目前在炉外精炼中，对钢水采用两种不同的脱氧方法，即沉淀脱氧（加搅拌）和真空碳脱氧[7]。对于镇静钢，在转炉出钢过程中主要应用硅锰合金及铝合金对钢水进行复合脱氧；对于转炉非脱氧钢，在 RH 真空处理结束后主要采用铝脱氧，因而会产生大量的氧化铝，在造渣和吹氩工艺良好的条件下，虽然大部分脱氧产物氧化铝可以上浮脱除，但残留于钢水中的氧化铝仍然是钢中夹杂物的主要构成。另外脱氧产生的大量氧化铝易导致连铸浇铸水口堵塞[8]。

3.2.1.1　碳脱氧工艺在真空处理过程中的应用

炼钢生产中低碳铝镇静钢 RH 进站钢水存在碳氧不匹配的问题，尤其是目标碳含量在 0.02%~0.05% 的钢种，进站氧含量通常存在过剩的现象。在此情况下，利用钢水中碳和加入碳辅助脱氧剂，可脱除部分过剩氧，并使气态脱氧产物从钢中排出[9]。

3.2.1.2　脱氧工艺

根据真空条件下碳氧反应的平衡规律，在脱碳过程真空度及温度一定的条件下，脱碳终点氧与碳相对应，对于目标碳含量在 0.02%~0.05% 的钢种，进站碳、氧和目标终点碳如图 3-7 所示。

根据进站钢水温度的不同，将 RH 处理模式分为 3 种，对于进站温度不满足自然脱碳条件的情况按第 1 条路线处理，处理开始进行加铝升温，同时进行脱碳；对于进站温度满足自然脱碳条件，但不很富余的情况，按照路线 2 处理，利用钢水中碳将氧部分脱除，然后进行增碳；对于进站温度比较富余的情况，按照路线 3 进行处理，在计算的基础上，处理初期分批加入增碳剂进行脱氧，同时控制脱氧终点碳含量。

按照系统平衡，可以根据计算加入部分增碳剂辅助脱氧，最终实现碳氧的稳定控制，处理过程中不需要取样，脱氧结束后直接调整成分搬出。增碳剂参考加入量可以通过制表计算，典型钢种 SAE1002 的增碳剂参考加入量见表 3-5。

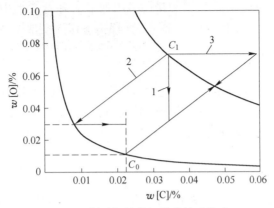

图 3-7　低碳铝镇静钢脱碳处理模式

表 3-5　典型钢种 SAE1002 的增碳剂加入量参照表

$w[C](\times 10^{-6})$	增碳剂加入量/kg									
	300	350	400	450	500	550	600	650	700	750
200	12.70	25.50	38.25	48.45	61.20	73.95	84.15	96.90	109.65	122.40
250		10.20	20.40	33.15	45.90	58.65	68.85	81.60	94.35	104.55
300			17.85	30.60	40.80	53.55	66.30	76.50	89.25	
350				12.75	25.50	38.25	48.45	61.20	73.95	
400					10.20	20.40	33.15	45.90	58.65	
450							17.85	30.60	40.80	
500								12.75	25.40	

　　增碳剂加入真空室的过程中，真空室内反应较剧烈，可以采用低真空度、多批次少量加入的方式进行，减缓反应速度，待反应达到平衡后定氧镇静。

3.2.1.3　应用效果分析

　　采用加增碳剂辅助脱氧工艺后，在真空度 5kPa 的水平下，对目标碳含量在 0.02%～0.05% 的钢种，脱碳终点氧最低可控制在 0.005% 左右，如图 3-8 所示。

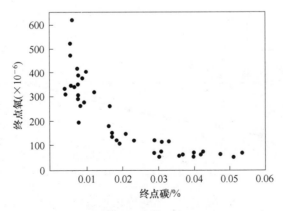

图 3-8　采用加增碳剂脱氧终点碳氧分布散点图

由于碳脱氧产物以气体形式从钢中排除，因而显著降低了钢中其他脱氧产物的生成量，同时也降低了脱氧合金的消耗，低碳铝镇静钢的铝消耗达到了 1.5 kg/t 的水平。

3.2.2　CaC₂精炼脱氧工艺

低碳含铝钢在转炉原材料条件不稳定的情况下，转炉终点碳控制水平低，这样在钢水氧势较高的情况下，用价格昂贵的铝合金进行脱氧，成本较高。另外，由于铝合金的密度小，易漂浮于钢液表面造成烧损，铝的利用率低。转炉出钢进行深脱氧，在铝利用率低的情况下，硅铝铁消耗高。

3.2.2.1　脱氧工艺

工艺路线为：铁水预处理→转炉出钢电石脱氧→炉后喂铝线→LF 炉电石、铝丝、铝线脱氧→软搅拌→LF 出钢。

转炉出钢 1/4 加入 CaC₂→出钢 1/2 时依次加入硅铝铁、硅锰。由于硅铝铁利用率低于铝线，所以实行转炉出钢弱脱氧，将进 LF 炉的目标［Als］控制在 0.005% ~ 0.02%，在 LF 炉使用 CaC₂替代部分或全部铝粉造白渣。

3.2.2.2　效果分析

CaC₂的粒度和用量是影响其使用效果的重要因素，作为弱脱氧剂的 CaC₂如果粒度过大或者用量过大，在 CaC₂和铝块加入时间间隔内反应不完全会造成一定程度的钢水增碳。根据实践经验，150t 钢水加入 100kg CaC₂可增 0.008% 的碳。因此，在微调钢水中的碳时必须考虑 CaC₂的增碳量。

如果转炉出钢下渣严重，单纯使用 CaC₂脱氧造渣，泡沫化程度不能有效控制，往往出现溢渣的现象。解决办法是：在进站钢水氧化性强的情况下，先加入部分铝粉进行脱氧，再加入适量 CaC₂，效果比较理想。

表 3-6 为工艺改进前后脱氧剂的消耗量比较。经过脱氧工艺的改进，铝制品消耗降低了 0.32kg/t 钢，节约成本 2 元/t 钢。出钢过程中的加铝量与钢水到 LF 炉时的氮含量的关系如图 3-9 所示。

表 3-6　工艺改进前后脱氧剂的消耗量比较　　　　　　　　　　（kg/t）

项　目	硅铝铁	铝线	铝粉	CaC₂
改进前	1.25	0.82	0.3	0
改进后	0.85	1.15	0.05	1.0

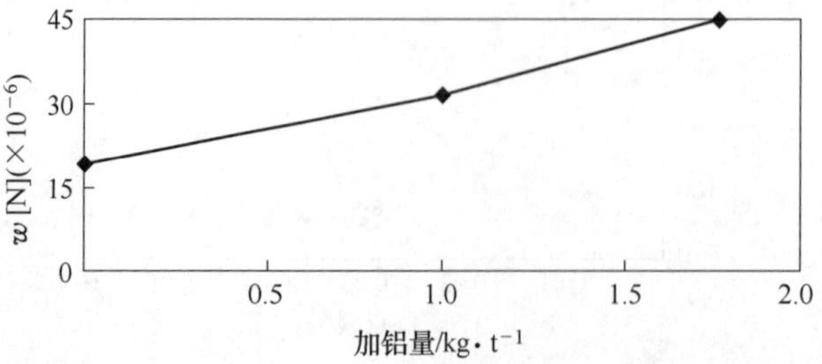

图 3-9　出钢过程加铝量与钢水到站氮含量的关系

由图 3-9 可以看出，随着加铝量的增加，钢中氮含量升高。而采用在 LF 炉喂线的方式增铝，则钢中氮含量几乎不变，故应用新脱氧工艺可使低碳含铝钢中的氮含量平均降低 0.0005%~0.001%。同时，由于 CaC_2 在 LF 炉造白渣时起到了良好的泡沫化作用，有利于埋弧操作，减少了钢水吸氮。通过对几十组数据分析发现，使用 CaC_2 造白渣时，低碳含铝钢钢水在 LF 工序可以减少吸氮 0.0002%~0.0003%。

3.2.3 硅钙钡合金的脱氧工艺

硅钙钡合金作为一种新型脱氧剂，具有较好的脱氧和净化钢质作用。从铝、硅、钙、钡的脱氧能力看，从大到小依次为钙、钡、铝、硅。但是从物化性能来看，钡和钙相比，优点为密度大、沸点高、蒸气压低。关于钡系复合脱氧剂的研究，认为钡系合金脱氧能力强，钡的脱氧能力比铝高两个数量级，能提高钙的溶解度；能够形成低熔点化合物，减少非金属夹杂物含量，改变夹杂物形态[10, 11]。

在 2002 年以前，包钢生产重轨钢使用的脱氧剂是硅钙合金。随着高速轨的开发，对钢的洁净度有了更高的要求，如要求成品钢中 $w[O] \leq 0.002\%$、$w[Al] \leq 0.004\%$，以及对夹杂物类别的严格控制，因此在脱氧剂选择上要求不但有优良的脱氧功能，还要对夹杂物有一定的变性作用，同时有害元素含量要少。

3.2.3.1 脱氧工艺

无铝脱氧工艺生产重轨钢的工艺流程为：转炉冶炼→挡渣出钢→脱氧合金化→LF 精炼→VD 真空处理→连铸。脱氧方式为转炉出钢罐内脱氧、LF 炉内扩散脱氧。硅钙钡及硅钙合金化学成分见表 3-7。

表 3-7 硅钙钡及硅钙合金化学成分 (质量分数) (%)

种 类	Si	Ca	Ba	P	Al	S
硅钙钡	≥50	≥13	≥15	≤0.05	≤1.0	≤0.10
硅钙	≥55	27~30		≤0.04	2.0~2.4	≤0.06

3.2.3.2 脱氧效果分析

表 3-8 是转炉冶炼出钢前后测定的钢水温度与氧活度值。可见，出钢后罐内平均钢水温度为 1561℃时，氧活度为 23.1×10^{-6}。罐内氧活度全部小于 30.0×10^{-6}，说明氧活度较低。

表 3-8 转炉出钢前后定氧值

项目	出钢前			出钢后		
	$t/℃$	$w[C]/\%$	$w[O](\times 10^{-6})$	$t/℃$	$w[C]/\%$	$w[O](\times 10^{-6})$
范围	1592~1660	0.26~0.62	101.1~212.8	1531~1577	0.61~0.73	17.1~27.2
平均值	1634	0.44	143.9	1561	0.66	23.1

经 LF 炉精炼后，当钢水温度为 1578~1601℃时，氧活度平均为 21.7×10^{-6}（表 3-9），钢水氧活度进一步降低。

表 3-9　LF 后定氧值

项　目	$w[O](\times 10^{-6})$	$t/℃$
最大值	24.8	1601
最小值	17.1	1578
平均值	21.7	1587

由 U71Mn 在中间包内全氧含量分布（图 3-1）及中间包内钢水全氧含量及全铝含量波动范围（表 3-10），可见，中间包全氧含量不超过 26.5×10^{-6}，平均含量为 19.3×10^{-6}，钢中全铝含量不超过 0.004%，平均含量为 0.003%。

表 3-10　中间包内钢水全氧含量及全铝含量（质量分数）

含　量	最　大	最　小	平　均
$w[O](\times 10^{-6})$	26.5	12.5	19.3
$w[Al]_t/\%$	0.004	0.002	0.003

3.2.4　重轨钢非铝脱氧工艺

大量的研究表明，钢轨的疲劳损坏主要和钢中存在的 Al_2O_3 类脆性氧化物夹杂物有关。为减少钢轨中的脆性夹杂物、提高钢轨抗疲劳能力，高速铁路钢轨标准对钢轨钢脱氧和夹杂物控制做了明确要求：高速铁路钢轨标准要求钢轨钢脱氧完全，钢中 T[O] 含量低；钢中氧化物夹杂物，特别是脆性氧化物夹杂单个尺寸小，且含量低；实质上不允许用铝脱氧。

3.2.4.1　脱氧工艺

为尽可能降低脱氧成本，减少高价脱氧剂的消耗，采用预脱氧+终脱氧工艺。即在钢液氧活度高时采用价格低廉的脱氧剂预脱氧，将钢液氧活度控制在相对较低、较稳定的水平，再采用成本较高的强脱氧剂终脱氧。

为满足重轨钢非铝脱氧，可供选择的脱氧剂主要有以下几种：Si-Ca 合金、Si-Ca-Ba合金、CaC_2、SiC 和 Si-Fe 等。作为预脱氧剂，CaC_2 和 SiC 是比较好的选择，两者均具有较强的脱氧能力，且价格便宜。CaC_2 和 SiC 相比，由于 SiC 密度大、常温化学稳定性高，脱氧的稳定性优于 CaC_2，且 SiC 用于重轨钢无铝脱氧在国外有成功的经验。

非铝脱氧的强脱氧剂没有更多的选择，只能在 Si-Ca 合金和以 Si-Ca 合金为基础开发的脱氧剂中选择。

3.2.4.2　脱氧效果分析

过程氧活度的变化情况如图 3-10 所示，RH 处理后钢液氧活度分布如图 3-11 所示。由图 3-10 和图 3-11 可见，在出钢后钢液氧活度达$(20\sim 25)\times 10^{-6}$，在随后的处理过程中，氧活度逐步降低，到 RH 处理结束时，钢液氧活度达到 15×10^{-6}。所生产的 400 多炉高速轨钢液氧活度和 T[O] 全部小于 20×10^{-6}。

钢轨中总氧和酸溶铝含量见表 3-11。由表 3-11 可见，同原铝脱氧相比，采用非铝脱氧后，钢轨总氧明显降低，钢轨 T[O] 全部达到 20×10^{-6} 以下，[Als] 也全达 0.005% 以下，达到高速铁路钢轨标准的要求。

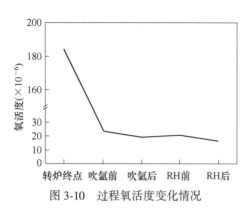

图 3-10　过程氧活度变化情况

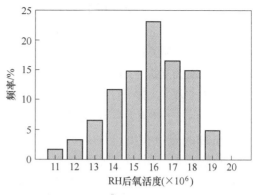

图 3-11　RH 处理后钢液氧活度分布

表 3-11　钢轨质量情况

钢种	脱氧工艺	T[O] (×10⁻⁶)	[Als]/%	夹杂物评级		
				B	C	D
PD₃	铝脱氧	$\dfrac{15 \sim 43}{35}$	$\dfrac{0.010 \sim 0.012}{0.011}$	$\dfrac{1.0 \sim 3.5}{2.0}$	$\dfrac{1.0 \sim 3.0}{2.5}$	$\dfrac{1.0}{1.0}$
	非铝脱氧	$\dfrac{8 \sim 20}{16}$	$\dfrac{0.002 \sim 0.005}{0.004}$	$\dfrac{0.5 \sim 2.0}{1.3}$	$\dfrac{0.5 \sim 2.0}{1.2}$	$\dfrac{0.5 \sim 1.5}{0.83}$
U71Mn	铝脱氧	$\dfrac{17 \sim 38}{31}$	$\dfrac{0.007}{0.007}$	$\dfrac{1.5 \sim 2.5}{1.71}$	$\dfrac{1.0 \sim 3.0}{2.0}$	$\dfrac{1.0}{1.0}$
	非铝脱氧	$\dfrac{12 \sim 20}{18}$	$\dfrac{0.002 \sim 0.004}{0.003}$	$\dfrac{0.5 \sim 1.5}{1.17}$	$\dfrac{0.5 \sim 1.5}{1.3}$	$\dfrac{0.5 \sim 1.0}{0.6}$

钢中 T[O] 由两部分组成：一部分为钢中的溶解氧 [O]溶，另一部分为以氧化物夹杂存在于钢中的夹杂氧 [O]夹。随脱氧工艺的不同，T[O] 中 [O]溶 和 [O]夹 所占的比例不同。对 Si-Mn 镇静钢，由于脱氧产物熔点均较低，脱氧产物大部分能从钢中上浮排除。由于其脱氧元素的脱氧能力相对弱，钢中的 [O]溶 相对较高。因此，这类钢中的氧以 [O]溶 为主，其总氧量的控制则以控制钢液的氧活度为主，通过采取适当的措施控制钢中 a[O]，便可保证钢轨中的 T[O] $\leq 20 \times 10^{-6}$。

3.3　夹杂物控制案例

3.3.1　帘线钢夹杂物控制

方坯生产的品种中，帘线钢是高端品种之一，而帘线钢生产的关键技术就是减少钢中的非金属夹杂物，更重要的是夹杂物必须是细小且形态为能随盘条拉拔变形的塑性夹杂物。轮胎子午线钢丝如果线材中存在高 CaO 和 Al₂O₃ 含量的硅酸盐、钙铝酸盐以及 TiN 类的脆性非金属夹杂物，在拉拔和捻股过程中，钢丝就容易断丝，所以轮胎子午线钢丝对钢中的非金属夹杂物的控制要求非常苛刻。生产经验表明，子午线钢丝中非金属夹杂物尺寸只要大于被加工钢丝直径的 2%，即可导致钢丝在拉拔和合股过程中发生脆性断裂[12]。

3.3.1.1 夹杂物控制工艺

帘线钢冶炼工艺为转炉出钢后进行合金化，进入 LF 炉精炼，经脱气处理后进行浇铸。工艺中减少了钢水脱气处理环节，其采用的工艺流程为：铁水预处理（脱硫、扒渣）→转炉（顶底复吹）→LF 炉精炼→方坯连铸（液面自动控制及结晶器电磁搅拌装置）。其中，LF 炉精炼过程对控制钢中的夹杂物成分和性质是关键的环节。

3.3.1.2 塑性夹杂物控制技术

Ruddnik 研究指出：夹杂物的变形指数 $V = 0.5 \sim 1.0$ 时，在钢与夹杂物的界面上很少产生形变裂纹。塑性可变形夹杂物变形指数在 0.5~1.0 之间。对于帘线钢这种变形量在 1000~1400 倍的钢材而言，即使是可变形的塑性夹杂物，对帘线钢在拉拔捻制过程中的危害同样很大。塑性夹杂物一般来源于低熔点的脱氧产物、转炉炉渣以及经精炼过程塑性化后的高熔点脱氧产物，同时，各种耐火材料脱落也是塑性夹杂物的主要来源之一。

加强 LF 炉精炼扩散脱氧，用萤石、硅铁粉等对炉渣进行分批充分脱氧，并加强氢气搅拌，使钢-渣反应更接近平衡，精炼离站前对钢水进行软吹，时间大于 15min。

在 LF 精炼过程采用微正压操作，防止空气进入钢水造成钢液二次氧化。

为防止过多的耐火材料进入钢中，选用寿命较低的钢包，透气性良好，并保证钢包洁净无残渣。

3.3.1.3 脆性夹杂物控制技术

脆性夹杂即为不变形夹杂物，在钢热加工及钢材拉拔过程变形指数 $V = 0 \sim 0.5$，在高熔点的脆性氧化类夹杂物周围会出现裂纹而断丝，因此必须控制或减少脆性氧化类夹杂物，其主要措施是控制夹杂物中 Al_2O_3 含量以及对高熔点的 Al_2O_3 及含高 CaO、高 Al_2O_3 的硅酸盐、钙铝酸盐等进行变性处理，降低夹杂物熔点，也即是夹杂物的塑性化处理。帘线钢夹杂物塑性化处理一方面通过脱氧工艺控制钢中的酸溶铝含量，其次最主要的是通过控制 LF 炉渣中 CaO 与 SiO_2 含量，即炉渣碱度。两者最终目的是控制钢中夹杂物 Al_2O_3 含量在 20%左右，从而达到夹杂物塑性化效果。

帘线钢生产时，LF 炉炉渣 CaO 含量一般控制在 30%~40%，SiO_2 含量一般控制在 30%~45%，炉渣碱度在 0.9~1.2 范围内。表 3-12 是帘线钢 LF 炉炉渣碱度对比。

表 3-12 帘线钢生产 LF 炉炉渣碱度对比

生产厂	$w(\mathrm{CaO})/\%$	$w(\mathrm{SiO_2})/\%$	$w(\mathrm{Al_2O_3})/\%$	R
日本住友	47	46	2	1.02
日本神户	45	45	10	1.00
北营公司	35~45	30~40	5~9	0.9~1.2

3.3.1.4 夹杂物控制效果

经过夹杂物控制措施及新工艺，目前北营炼钢厂能将帘线钢非金属夹杂物控制在 1.5 级以下，且从实际生产的帘线钢夹杂物控制情况看，各类夹杂物级别正逐月降低，见表 3-13。

表 3-13　北营炼钢厂帘线钢金相评级

生产日期	钢号	熔炼号	A（硫化物）	B（氧化物）	C（硅酸盐）	D（球状氧化物）	DS（单颗粒）
5 月份	LX72A	IE13563	1.5	1	1.5	0.5	0.5
7 月份	LX72A	IE15539	1.0	1.5	1.5	0.5	0
	LX72A	IE25407	1.0	1.5	0.5	0.5	0
8 月份	LX72A	IE16269	0.5	0.5	0.5	0.5	0.5
	LX72A	IE16270	0.5	0.5	0.5	0.5	0

3.3.2　ER70S-6 焊丝钢夹杂物控制技术

合金钢焊线 ER70-6 是采用美国标准生产的新一代 CO_2 气体保护实芯焊丝的主要原料，广泛应用于造船、桥梁、大型机械加工行业。但是焊丝中过高的氧含量（在高温条件下，碳和氧易反应生成 CO 气体）和大型夹杂物容易导致焊接过程中熔池的飞溅，严重影响焊接性能。沙钢通过 Si-Mn 合金脱氧以及炉渣成分控制，使精炼结束后夹杂物为球形的 CaO-Al_2O_3-SiO_2-MnO-Ti_2O_3 夹杂物，89.8% 的夹杂物熔点都低于 1600℃。

3.3.2.1　夹杂物控制工艺

ER70-6 焊丝钢的化学成分设计见表 3-14，炉渣成分设计见表 3-15。ER70-6 钢的生产工艺流程为：铁水喷镁脱硫预处理→180t 顶底复吹转炉冶炼→转炉出钢脱氧合金化→LF 精炼→140mm×140mm 小方坯连铸→高速线材轧机→ϕ5.5mm 盘条。转炉出钢过程使用 Si-Mn、Fe-Mn 合金脱氧合金化，LF 精炼过程通过造白渣并控制渣中 SiO_2 的活度进行深脱氧，炉渣成分见表 3-15。深脱氧后加入 Fe-Ti 合金，然后进行软搅拌使夹杂物上浮去除。用 Si-Mn（合金中含有少量 Al）对钢水脱氧，脱氧产物（MnO-SiO_2-Al_2O_3 系）的成分受钢水中的 Mn 和 Si 含量的控制。

表 3-14　ER70-6 焊丝钢化学成分　　　　　　　　　　　　　　（%）

要求	化 学 成 分						
	C	Si	Mn	Ti	P	S	T.O
标准	0.06~0.09	0.80~0.90	1.45~1.55	0.010~0.025	≤0.020	≤0.015	≤0.003
目标	0.07	0.85	1.50	0.015	≤0.020	≤0.015	≤0.003

表 3-15　ER70-6 焊丝钢钢包渣的成分设计　　　　　　　　　　　（%）

SiO_2	Al_2O_3	CaO	MgO	FeO	MnO
25~30	10~15	45~50	8~10	≤1	≤1

LF 精炼需要造白渣扩散脱氧并要求 CaO-Al_2O_3-SiO_2-MgO 系钢包渣中 SiO_2 的活度足够小。

3.3.2.2　夹杂物控制效果

LF 精炼开始时，夹杂物类型主要为球形的 MnO-Al_2O_3-SiO_2 系夹杂物，还有少量块状的 SiO_2 夹杂物和不规则形状的 Al_2O_3 夹杂物。这些夹杂物是转炉出钢过程中加入的 Si-Mn

合金、Fe-Si 合金以及带入的 Al 与钢水中的氧以及转炉渣中 FeO 的反应产物。所检测到的夹杂物的平均成分如图 3-12 所示，$w(MnO) = 26.89\%$、$w(Al_2O_3) = 47.85\%$、$w(SiO_2) = 25.25\%$，尺寸在 20μm 以上的夹杂物比例占 22.3%。经过 LF 精炼深脱氧后（25min 后），所检测到的夹杂物主要为 $CaO\text{-}Al_2O_3\text{-}SiO_2\text{-}MnO$ 类夹杂物。平均化学成分如图 3-13 所示，$w(MnO) = 8.37\%$、$w(Al_2O_3) = 31.37\%$、$w(SiO_2) = 29.87\%$、$w(CaO) = 30.39\%$，这些夹杂物是钢水与渣相互作用的产物，尺寸在 20μm 以上的比例为 19.04%。另外，样品中只有极少数 $MnO\text{-}Al_2O_3\text{-}SiO_2$ 夹杂物，这说明大部分的脱氧产物都已上浮去除。LF 精炼结束时，钢水中所检测到的夹杂物主要为 $CaO\text{-}Al_2O_3\text{-}SiO_2\text{-}MnO\text{-}Ti_2O_3$，由于加入了 Fe-Ti 合金，很多条状、枝晶状以及块状的 Ti_2O_3 以 $CaO\text{-}Al_2O_3\text{-}SiO_2\text{-}MnO$ 为核心析出并镶嵌在里面。由图 3-12 可知，与精炼 25min 时相比，LF 结束时夹杂物中 $w(Al_2O_3)$ 增加了 4.59%、$w(SiO_2)$ 和 $w(MnO)$ 分别降低了 6.29% 和 2.96%，这主要是由于钢水中的钛和酸溶铝与夹杂物反应还原出其中的 Si 和 Mn。

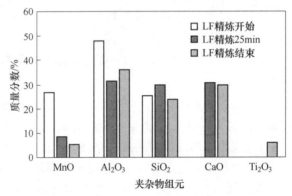

图 3-12　LF 精炼过程中夹杂物平均成分的变化

通过对钢包精炼渣成分的严格控制，以及精炼后对钢水进行良好的软搅拌，钢水中的全氧含量显著降低，钢水的浇铸性能得到明显改善。2011 年 5～7 月生产的 48 炉 RE70S-6 钢的统计结果显示：LF 结束时钢中夹杂物基本控制在了塑性区间（图 3-13），成品中大颗粒飞溅问题得到有效的解决，满足了下游客户的要求。

3.3.3　无取向硅钢夹杂物控制

无取向硅钢的磁性能主要取决于铁素体的晶粒尺寸、晶体织构和钢中的夹杂物[13]。工业化生产过程中，一般形成不了明显的织

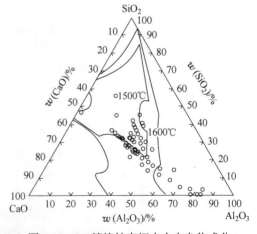

图 3-13　LF 精炼结束钢水中夹杂物成分

构。因此，铁素体的晶粒尺寸、钢中的夹杂物，成为影响无取向硅钢磁性能的主要因素。尤其是钢中的夹杂物，它们的存在不仅抑制晶粒长大，促使晶格畸变，还会阻碍磁畴运动，进而劣化无取向硅钢的磁性能[14]。因此，生产过程中，希望尽可能地将其去除或使

其无害化。

3.3.3.1　夹杂物控制工艺

试验用钢的主要生产工艺流程为：铁水预处理→300t 转炉冶炼→RH 精炼→连续铸钢→板坯加热、轧制→酸洗、冷轧→退火、精整→包装、出厂等。研究对象为试验用钢对应的成品试样，其主要化学成分见表 3-16（质量分数）。

表 3-16　无取向硅钢主要化学成分　　　　　　　　　　　　　　（%）

钢　种	C	Si	Mn	Al	S	Fe
低硅无铝钢	0.002	0.76	0.22	0.01	0.003	余量
中硅无铝钢	0.002	1.42	0.24	0.24	0.003	余量
高硅低铝钢	0.002	2.96	0.22	0.46	0.0005	余量
高硅高铝钢	0.002	2.86	0.49	0.95	0.0005	余量

选取一个浇次连浇 5 炉钢水进行研究，试验编号依次为 1~5 号。钢种成分（质量分数,%）控制为：C 0.001~0.003，Si 1.5~1.7，Mn 0.1~0.2，P 0.03~0.05，S 0.002~0.003。RH 取样时间节点为：RH 精炼过程 20 min（加铝）、30 min（加硅锰）、RH 出站。采用金相显微镜和扫描电镜（SEMEDS）分析夹杂物成分。

3.3.3.2　夹杂物控制效果分析

利用 SEM-EDS 对 RH 精炼 20min 和 30 min 以及精炼结束时的试样进行观察，分析得出各工序夹杂物可分为 3 类：（1）单一 $MgO \cdot Al_2O_3$ 尖晶石夹杂物；（2）含 MgO 铝硅酸盐夹杂物（$Al_2O_3 \cdot SiO_2 \cdot MnO \cdot MgO$）；（3）不含 MgO 铝硅酸盐夹杂物（$Al_2O_3 \cdot SiO_2$）。夹杂物形貌如图 3-14 所示。

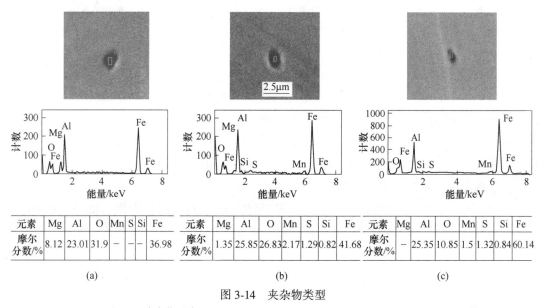

元素	Mg	Al	O	Mn	S	Si	Fe
摩尔分数/%	8.12	23.01	31.9	–	–	–	36.98

元素	Mg	Al	O	Mn	S	Si	Fe
摩尔分数/%	1.35	25.85	26.83	2.17	1.29	0.82	41.68

元素	Mg	Al	O	Mn	S	Si	Fe
摩尔分数/%	–	25.35	10.85	1.5	1.32	0.84	60.14

（a）　　　　　　　　　　　（b）　　　　　　　　　　　（c）

图 3-14　夹杂物类型

（a）$MgO \cdot Al_2O_3$ 夹杂物形貌；（b）含 MgO 铝硅酸盐夹杂物；（c）不含 MgO 铝硅酸盐夹杂物

利用金相显微镜对 5 炉次试验钢种的夹杂物进行统计得出，RH 精炼 20min（加铝）、RH 精炼 30 min（加硅锰）、RH 精炼结束试样的夹杂物个数分别为 111 个、203 个、114

个。将统计出的夹杂物在 SEM-EDS 下进行成分分析，并将分析结果列入 Al_2O_3-SiO_2-MgO 三元相图。为了对比精炼过程夹杂物类型转变，研究对精炼前的 121 个夹杂物进行统计，分析结果列入 Al_2O_3-SiO_2-CaO 相图，如图 3-15 所示。

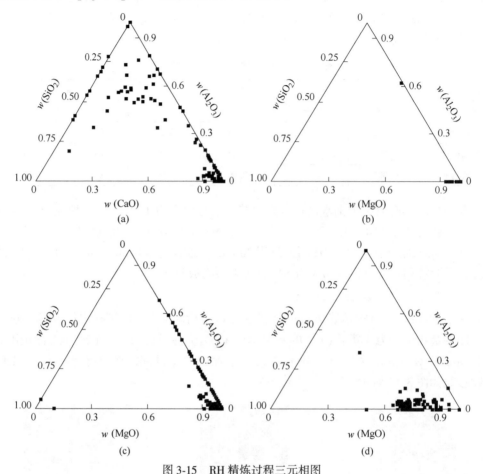

图 3-15　RH 精炼过程三元相图

（a）RH 精炼前；（b）RH 精炼 20min；（c）RH 精炼 30min；（d）RH 精炼结束

由图 3-15 可知，RH 精炼前以硅铝酸盐为主，RH 精炼 20 min 时主要为 Al_2O_3 夹杂物，且存在少量的 MgO·Al_2O_3；RH 精炼 30 min 后主要为 Al_2O_3·SiO_2 夹杂物，并存在少量的 MgO·Al_2O_3。RH 精炼结束时，夹杂物主要是 MgO·Al_2O_3 和 Al_2O_3-SiO_2-MgO；对 SEN 水口解剖分析发现，水口内壁有 1~9 mm 黏结物，堵塞物是含 Al_2O_3、MgO、SiO_2、CaO、Fe_2O_3 的复合夹杂物。堵塞物成分与图 3-15（d）极为相似。因此可以得出，RH 精炼 30min 后，夹杂物逐渐转变为 MgO·Al_2O_3，它对铸坯质量及浇铸过程将产生显著影响。

参 考 文 献

[1] 余志祥，郑万，汪晓川，等．洁净钢的生产实践 [J]．炼钢，2000，16（3）：11~15.

[2] 焦兴利，刘启龙，臧红臣，等．浇铸 IF 钢的 FC 结晶器工艺参数优化试验 [J]．连铸，2010（2）：

25~28.

[3] 刘建潮，胡恒法.SPHC 热轧板卷边部黑线成因分析 [J]. 轧钢，2008，25（5）：13~15.

[4] 李晓源，孙颖. 硫、磷晶界偏聚对 40CrNi2Mo 钢冲击性能的影响 [J]. 金属热处理，2013，38（4）：16~19.

[5] 李积鹏，汤建华，杨鑫，等.CSP 低碳铝镇静钢水口结瘤的分析及预防 [C] // 全国薄板宽带生产技术信息交流会，2010.

[6] 靳旭冉. 酒钢 CSP 钢水快速深脱硫技术的开发与实践 [J]. 甘肃冶金，2009，31（1）：9~13.

[7] 本书编辑委员会. 新编钢水精炼暨铁水预处理 1500 问 [M]. 北京：中国科学技术出版社，2007.

[8] 张锦刚，李德刚，于功力，等.IF 钢生产过程中 RH-TB 真空脱碳效果的工艺研究 [J]. 钢铁，2006，41（6）：32~34.

[9] 雷辉，杨森祥，黄登华.RH 脱碳过程喷溅控制的工艺优化 [C] // 第十五届全国炼钢学术会议论文集，2008.

[10] 颜根发，张立兰. 含钡硅系合金取代铝脱氧工艺理论探讨 [C] // 第十届全国炼钢学术会议论文集，1998.

[11] 吕俊杰. 钡系合金的生产与应用 [J]. 特殊钢，1996（3）：38~42.

[12] 赵继宇，吴健鹏，易卫东，等. 帘线钢钢中夹杂物塑性化控制技术 [J]. 河南冶金，2006，14（z2）：92~96.

[13] Matsumura K, Fukuda B. Recent developments of non-oriented electrical steel sheets [J]. Magnetics IEEE Transactions on, 1984, 20（5）: 1533~1538.

[14] Yashiki H, Kaneko T. Effects of Mn and S on the grain growth and texture in cold rolled 0. 5% Si steel [J]. ISIJ International, 1990, 30（4）: 325~330.

4　炼钢除尘技术

钢铁厂具有资源密集、能耗密集、生产规模大等特点。长期以来一直被认为是废气排放量大、污染大的企业。烧结、焦化、炼铁和炼钢生产过程是大气污染物的主要来源，烟气中含有大量的粉尘、CO、CO_2、SO_2 及少量 H_2S、NO_x 等。转炉炼钢和电炉炼钢过程所产生的粉尘量分别为 $15 \sim 25kg/t$ 和 $10 \sim 20kg/t$。炼钢过程产生的烟气温度高，粉尘含量高，难以直接回收，降温手段单一，导致烟气净化效率低下，并极易造成严重的外排环境问题[1,2]。因此必须采取强制性手段及专有的除尘技术和设备，对烟气进行净化并使其达标排放。由于转炉与电炉冶炼设备及工艺不同，且产生的烟气成分、烟气量等特性差异较大，两者的除尘机理及除尘系统不具有可比性，因此本章对炼钢过程中的转炉和电炉的除尘工艺分别进行介绍。

4.1　国内外炼钢除尘技术概况

4.1.1　国内外炼钢除尘技术发展

自炼钢工艺问世以来，如何处理冶炼过程中产生的大量烟气一直是国内外冶金工作者的研究重点。随着科技进步及炼钢工艺的不断完善，使得对转炉与电炉所产生烟气的认识及相关除尘设备有了更加深刻的认识。特别是近年来人们环保、能源、资源、成本循环经济意识增强，在转炉煤气净化与电炉热能回收等方面做了大量工作，开发了许多新工艺、新设备，取得了良好的效果，促进了该领域的技术进步。

20 世纪 50 年代对转炉烟气的处理方法普遍采用"燃烧法"，将转炉产生的有毒 CO 与空气中氧气反应，消除 CO 中毒和爆炸隐患。该方法操作安全、维护方便，但对转炉煤气蕴含的热能造成了极大的浪费。为解决煤气回收的问题，60 年代初法国钢铁研究院（IRSID）和卢尔锻造公司（CAFL）首先发明了未燃回收煤气的 IC 法，实现了转炉煤气的回收，极大地提高了转炉炼钢过程的能量利用率。同时期日本也开发并应用了 OG 法，并在 80 年代显示出极大的优越性，并得到了大范围的普及应用。我国自 1964 年开始在上钢三厂首次应用了"二文一塔"式 OG 湿法转炉煤气净化回收工艺，实现了转炉煤气的回收。进入 21 世纪，随着环保意识增强，烟气处理要求的提高，新 OG 法、LT 法等烟气处理方法逐渐兴起，目前转炉除尘技术按照其工作原理大致可分为湿法（OG 法、新 OG 法、IC 法等）、干法（LT 法、DDS 法等）和半干法三类[3~5]。

早在 20 世纪 40 年代，发达国家就开始了电炉除尘技术研究。我国于 60 年代中期，首先在上海开始对 $3 \sim 10t$ 电炉的除尘进行了试验和研究。80 年代末，国外大电炉炼钢技术得到了迅猛发展。随着超高功率大电炉设备和技术的不断引进，装备水平不断提高，我国电炉除尘技术相应地有了大幅提高。90 年代初，我国又率先在上海成功自行设计完成了当时国内首座引进的 100t 超高功率直流大电炉的除尘设计，从此开创了我国自行设计大电炉除尘系统的良好局面，同时也带动了旧电炉除尘技术改造水平的不断提高[6,7]。

4.1.2　转炉炼钢除尘主要设备

使转炉烟气中的气体与粉尘分离的方法有三种，即湿法、干法和半干法。湿法除尘是利用水或水汽将烟气中的尘先吸纳到水中，而使尘与气分离，然后再用各种脱水办法将尘与水分离，水可以循环使用，尘也可回收利用[8]。常用的工艺设备有文氏管、喷淋塔、洗涤塔、脱水器、丝网除雾器等。干法除尘的粗除尘是利用水汽除尘，但除尘后水汽全部蒸发，或利用重力、惯性除尘，分离出来的尘是干燥状态；而精除尘是利用布袋过滤、静电等方式将烟气中的尘与气分离，全系统分离出的尘是干燥的。半干法除尘是一种特殊的除尘设备，粗除尘用干法，精除尘用湿法，分离出的尘既有干尘又有泥浆，也称为干湿法。

随着转炉炼钢工艺的发展，转炉烟气净化回收工艺和设施也在不断地完善和发展。目前世界上出现了许多转炉除尘工艺，我国转炉炼钢厂的转炉除尘系统形式也是多种多样的。由于形式不同，除尘系统设施和组成也不一样。但基本的工艺流程是没有改变的，包括烟气收集部分、烟气冷却部分、余热回收部分、烟气净化部分、煤气回收及煤气放散部分、污水处理部分及烟尘回收部分，如图4-1所示。每个部分有各自功能完成相应任务，将采用相应设备的每个部分排列起来，就形成了转炉除尘系统。以下将对除尘系统中的主要设备进行介绍。

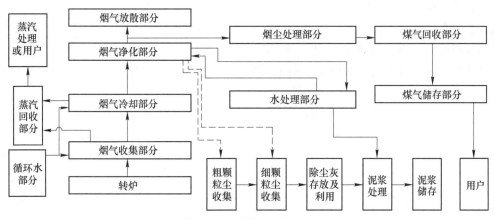

图 4-1　转炉除尘系统组成

4.1.2.1　文氏管[9]

文氏管除尘器是一种湿法除尘设备，也兼有冷却降温作用。文氏管是当前效率较高的湿法除尘设备。文氏管除尘器由雾化器（碗形喷嘴）、文氏管本体及脱水器三部分组成，文氏管本体是由收缩段、喉口、扩张段三部分组成，如图4-2所示。

烟气流经文氏管收缩段到达喉口时气流加速，高速烟气冲击喷嘴喷出的水幕使水二次雾化成小于或等于烟尘粒径 1/100 以下的细小水滴。喷水量（标态）一般为 0.5~1.5L/m³（液气比）。气流速度(60~120m/s)越大，喷入的水滴越细，在喉口分布越均匀，二次雾化效果越好，越有利于捕集微小的烟尘。细小的水滴在高速紊流气流中迅速吸收烟气的热量而汽化，一般在 1/150~1/50s 内使烟气从 800~1000℃冷却到 70~80℃。同样，在高速紊流气流中，尘粒与液滴具有很高的相对速度，在文氏管的喉口和扩张段内互相撞击而凝聚成较大的颗粒，经过与文氏管串联的气水分离装置（脱水器），使含尘水滴与气体分离，烟气得到降温与除尘。文氏管按照构造，可分为定径文氏管和调径文氏管。在湿法除尘系统中采用双文氏管串联，通常以定径文氏管作为一级除尘装置，并加溢流水封；以调径文氏管作为二级除尘装置。

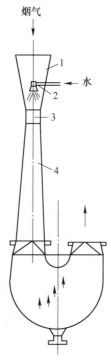

图 4-2　文氏管
除尘器的组成
1—文氏管收缩段；
2—碗形喷嘴；
3—喉口；4—扩张段

4.1.2.2　蒸发冷却器[10,11]

蒸发冷却器是干法除尘工艺和半干法除尘工艺都可以采用的转炉炼钢烟气净化回收系统中的粗除尘（一级除尘）装置，安装在气化冷却烟道末端，主要由塔本体、水汽喷射器、除灰装置以及入口烟气分配装置等部分组成。

转炉炼钢过程中产生的高温烟气首先由活动烟罩捕集，然后经过汽化冷却烟道，在回收热能的同时对烟气进行初次降温。一般汽化冷却烟道出口温度为 800~1000℃。然后进入蒸发冷却器采用蒸发冷却的方式进行烟气的二次降温，同时捕集粗颗粒粉尘。为满足电除尘器工作的温度条件，蒸发冷却器出口温度一般控制在 170~250℃范围内。再次冷却后的烟气进入静电除尘器进行精除尘，除尘器出口烟气含尘浓度不大于 $10mg/m^3$（标态）。蒸发冷却器在此工艺过程中起着承前启后的作用，对静电除尘器的正常工作有着很大的影响。如果蒸发冷却器出口温度太高，烟气不允许进入静电除尘器，因为烟气温度高，粉尘比电阻升高，所以不利于除尘，烟气温度直接影响除尘效率，且影响较为明显。如果蒸发冷却器出口温度太低，在捕集粗颗粒粉尘的同时容易产生湿底、挂壁现象，增大蒸发冷却器输灰系统维护量，严重时影响转炉生产；且温度太低的烟气进入静电除尘器会引起结露，结露就会引起壳体腐蚀或高压爬电。蒸发冷却器的温度控制系统不仅关系到转炉一次除尘效果，同时也关系到转炉正常生产的顺利进行。

4.1.2.3　静电除尘器[12,13]

除尘器是干法转炉除尘系统中的关键设备，其工作的安全性、可靠性、除尘效率是最为关键内容。转炉烟气通过烟道降温，到达干法除尘系统的蒸发冷却器。蒸发冷却器对烟气再次降温和调质后，进入高压静电除尘器，粉尘荷电后在电场作用下，以一定速度向集尘极表面漂移（其运动轨迹接近抛物线），粉尘到达集尘极表面，当粉尘积聚到一定厚度后，通过振打装置使粉尘集尘极表面脱落下来，落入输灰机，完成除尘过程，然后洁净的烟气根据 CO 和 O_2 的浓度进行回收或放散。

经蒸发冷却器净化、冷却后温度为 180~250℃的烟气，由静电除尘器入口进入静电除尘器，通过两块分流板进入电场，尘粒经电离后落在阳极板上，被振打器振掉，又被刮灰器刮下，通过链条刮灰机输出。经静电除尘后，烟气中含尘量（标准状态）不大于 $10mg/m^3$。静电除尘器结构如图 4-3 和图 4-4 所示。静电除尘器由外壳、进口的第一块分流板、进口的第二块分流板、收尘电极、电晕电极、电晕电极上架、电晕电极下架、收尘极上部支架、绝缘支座、石英绝缘管、电极悬吊管、电晕极支撑架、顶板、电晕极吊锤、电晕极振打装置、收尘极振打装置、收尘极下部隔板、排灰装置、出口分流板等部分组成。

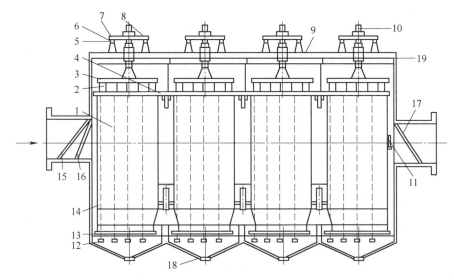

图 4-3 圆筒形静电除尘器结构示意图

1—收尘电极；2—电晕电极；3—电晕电极上架；4—收尘极上部支架；5—绝缘支座；6—石英绝缘管；
7—电极悬吊管；8—电晕极支撑架；9—顶板；10—电晕极振打装置；11—收尘极振打装置；
12—电晕电极下架；13—电晕极吊锤；14—收尘极下部隔板；15—进口第一块分流板；
16—进口第二块分流板；17—出口分流板；18—排灰装置；19—外壳

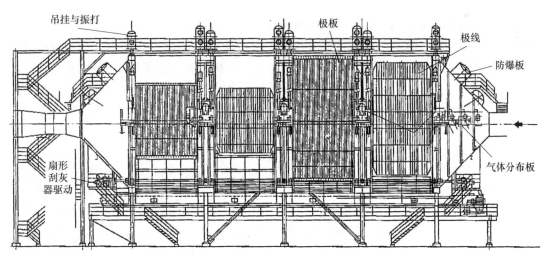

图 4-4 静电除尘器组装示意图

4.1.2.4 离心除尘器[14,15]

离心除尘器利用离心力的原理进行尘与气的分离，主要有旋风除尘器和平面旋风除尘器。

旋风除尘器为干式除尘，如图 4-5(a)所示。其原理是含尘气体以一定速度从切线方向引入除尘器上部，然后气流向除尘器下方做螺旋下降流动，再转 180°，气流上升从排气管抽走，在离心力的作用下，尘粒被掷向器壁，烟尘由于重力作用沿壁下沉，掉入锥形灰斗实现气尘分离。旋风除尘器的缺点在于气体自切线方向进入除尘器圆筒时，在旋转过程中产生紊流，使阻力增大，且会使部分细小烟尘被气流旋转上升带入烟气降低除尘效率，目前该方法使用较少。

平面旋风除尘器是在圆筒形除尘器内加了一个蜗形芯管，如图4-5（b）所示。利用气流做平面涡旋运动产生离心力达到除尘的目的，由于蜗形的导管作用，边沿含尘气体至少在平面旋风除尘器内旋转两周以上，便被分离的烟气依靠惯性沿外壁呈螺旋状下降；接近中心的气流旋转一周后进入芯管继续旋转上升，并清除部分烟尘，净化效率较一般旋风除尘器高。采用平面旋风除尘器可以降低烟气净化系统的阻力

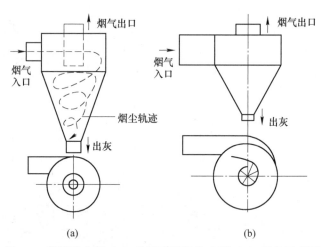

图 4-5　旋风除尘器（a）和平面旋风除尘器（b）结构示意图

损失（阻力为1471.6Pa，降温效果300℃），同时也减少了污泥处理量（占总灰量的70%~80%）。平面旋风除尘器收集10μm以上的粉尘有较高的净化效率（70%~80%），但烟气中尘粒在5μm以下时，效率大为降低。旋风除尘器一般用作第一级粗除尘设备。

4.1.2.5　洗涤塔[16]

洗涤塔又称为喷淋塔，烟气进入洗涤塔可同时实现冷却和除尘的目的。在转炉烟气净化流程中，有采用洗涤塔将高温烟气冷却到饱和温度，并起到粗除尘的作用，也有将洗涤塔作为饱和烟气的降温除湿，并冲洗掉气流中夹带的机械水，起到除尘脱水的作用。洗涤塔能很好地与其他除尘设备搭配，作为转炉烟气的降温除尘设备。洗涤塔可分为溢流快速洗涤塔、快速空心洗涤塔、低速空心洗涤塔、湍动洗涤塔等，如图4-6所示。

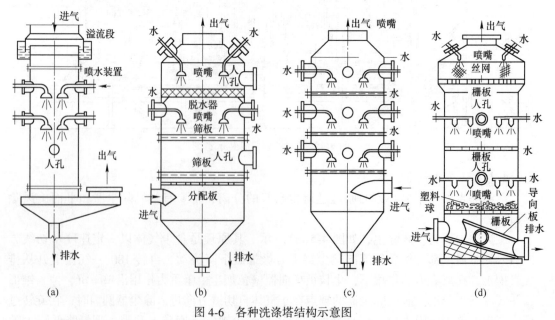

图 4-6　各种洗涤塔结构示意图

（a）溢流快速洗涤塔；（b）快速空心洗涤塔；（c）低速空心洗涤塔；（d）湍动洗涤塔

洗涤塔容积大、喷淋量大,当气量变化时,其降温降尘作用波动不大,它能除掉大于 $5\mu m$ 的尘粒,运行可靠,阻力很小。转炉烟气进行流程中,一般采用空心洗涤塔,它是利用喷嘴将水雾化,使液滴表面积不小于过去填料塔的填料面积,以达到与填料塔具有同样的传质传热效果。

4.1.3　电炉炼钢除尘主要设备

电炉主要是通过废钢、铁合金和部分渣料进行配料冶炼,根据不同的钢种要求,可以接受高碳铬铁水和脱硫铁水,然后熔制出碳钢或不锈钢钢水供连铸用。电炉炼钢时产生的有害物主要体现在电炉的加料、冶炼和出钢三个工段。电炉冶炼一般分为熔化期、氧化期和还原期,具备炉外精炼装置的电炉则无还原期。熔化期主要是炉料中的油脂类可燃物质的燃烧和金属物质在电极通电达高温时的熔化过程,产生黑褐色烟气;氧化期强化脱碳,产生大量赤褐色浓烟;还原期主要是去除钢中的氧和硫,产生白色和黑色烟气。除电炉以外的其他设备产生的烟气中主要是以空气为主,烟气成分与所冶炼的钢种、工艺操作条件、熔化时间及排烟方式有关,且变化幅度较宽,烟气中还存在着极少量的 NO_x 和 SO_x 等。电炉炼钢除尘普遍存在烟气量大、捕集难、处理难、运行效率低等问题[17]。

电炉炉型及烟气特性与转炉差距较大,因此其除尘系统及相关设备也与转炉除尘系统有较大差别,电炉冶炼过程除尘工艺的主要环节表现在烟罩及排烟方式、高温冷却器、燃烧室、除尘器等方面。

4.1.3.1　排烟方式及烟罩

电炉排烟主要分为炉内排烟与炉外排烟两种,通常也称为一次烟气排烟和二次烟气排烟。

电炉冶炼时从电炉第 4 孔或第 2 孔涌出的烟气称为一次烟气,一次烟气具有温度高、含尘量大、烟气量少且集中等特点,相对较容易收集。一般在电炉内通过第 4 孔或第 2 孔引出排烟管道,将炉内烟气排除,良好的排烟装置可以捕获 95% 以上的一次烟气。常用的炉内排烟方式有直接式炉内排烟、水平脱开式炉内排烟(图 4-7)、弯管脱开式炉内排烟(图 4-8)等形式[2,18]。

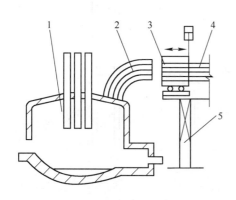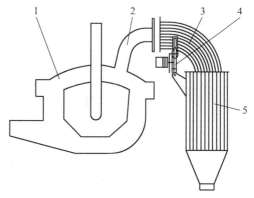

图 4-7　水平脱开式炉内排烟　　　　　　图 4-8　弯管脱开式炉内排烟
1—电炉;2—第 4 孔排烟管;3—移动式活动套管;　　1—电炉;2—第 2 孔排烟管;3—移动式弯管;
4—水冷排烟管;5—固定支架　　　　　　　4—电/液压或气动装置;5—燃烧室

电炉在加料、出钢、兑铁水时，及熔炼过程中从电极孔、加料孔和炉门等处逸出的烟气称为二次烟气，二次烟气通常具有突发性和排放无组织性，且易受车间横向气流的干扰，烟气中混有大量空气、温度低、气量大，难以捕集，只有依靠电炉炉外排烟装置进行捕集。常用的炉外排烟方式有屋顶排烟罩排烟（图4-9）、密闭罩排烟（图4-10和图4-11）等形式。

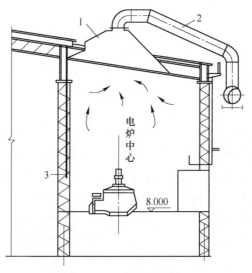

图 4-9　屋顶排烟罩排烟
1—屋顶排烟罩；2—排烟管道；3—挡风墙

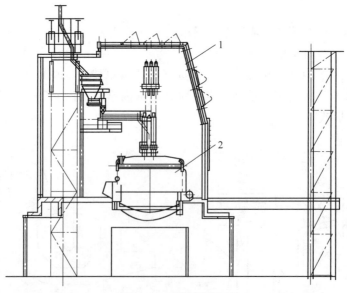

图 4-10　密闭罩排烟
1—密闭罩；2—电炉

4.1.3.2　燃烧室[19]

由于电炉炼钢使用的废钢质量不同，其产生的烟和尘成分将有所变化，特别是废钢中含有油分、涂料、橡胶、塑料、化学合成品等，经二次燃烧和高温烟气加热后，将产生白

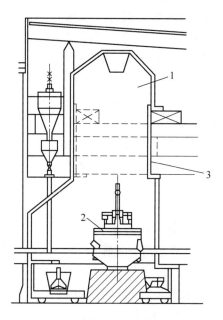

图 4-11　带活动墙板的密闭罩排烟

1—移动顶门；2—电弧炉；3—活动墙板

烟、恶臭烟气及微量二噁英等，其主要成分是油烟、醛类、烃类、苯等，这部分有害气体即使经过普通布袋除尘也难以除尽，因此需要设置燃烧室将其中有毒有害气体烧掉。现代电弧炉炼钢对燃烧室的作用和要求是比较高的，除了具有燃烧有毒气体外，一般还需具有废钢预热、粗除尘等多种功能。燃烧室可以按照其功能特点进行分类，如沉降室兼作燃烧室(图 4-12)、专用燃烧室(图 4-13)、高温燃烧室、废钢预热燃烧室、燃烧反应室等。

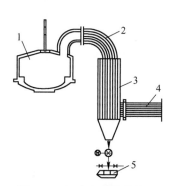

图 4-12　沉降室兼作燃烧室

1—电炉；2—水冷弯管；3—沉降室兼燃烧室；

4—水冷烟道；5—灰箱

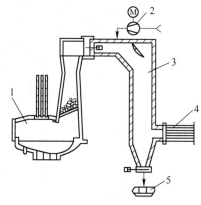

图 4-13　专用燃烧室

1—竖炉；2—鼓风机；3—燃烧室；

4—水冷烟道；5—灰箱

4.1.3.3　高温冷却器[2,20]

电炉炉顶弯管出口处烟气温度高达 1200~1600℃，而通常采用的布袋除尘器滤料所承受的温度一般在 200℃以下，因此对高温烟气的冷却过程必不可少。冷却降温的方法按照冷却介质之间的换热方式可以分为直接冷却和间接冷却。

利用水或空气直接与高温烟气进行混合，来达到降温目的的方式称为直接冷却。常用的直接冷却装置有饱和冷却塔、蒸发冷却塔（图4-14）、混风冷却器等多种形式。

利用水或空气与高温烟气在换热管或换热片的内外进行间接传热冷却，来达到降温目的的方式称为间接冷却。常用的间接冷却装置有水冷套管、水冷密排管、自然对流空气冷却器、强制吹风冷却器（图4-15）等多种形式。

4.1.3.4　袋式除尘器[21]

电炉所用除尘器有袋式除尘器、电除尘器和文氏管洗涤器3类，但国内外基本都采用袋式除尘器，因此这里仅对袋式除尘器进行介绍。由于电炉除尘系统烟气量较大，使用较多的袋式除尘器有长袋脉冲袋式除尘器（图4-16）和反吹清灰袋式除尘器（图4-17）两种。

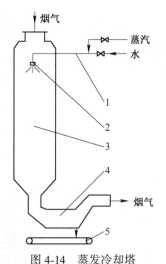

图4-14　蒸发冷却塔

1—供水供气及仪表控制系统；2—喷雾装置；
3—筒体；4—烟气出口弯管；5—输灰装置

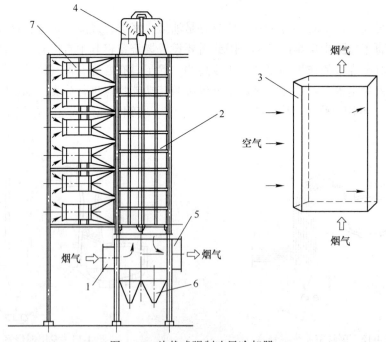

图4-15　片状式强制吹风冷却器

1—进口管；2—换热片组；3—换热片；4—连接管；5—出口管；6—灰斗；7—冷却风机

烟尘由进气管进入除尘器内，经分布管道分配到各组滤袋，过滤后的气流通过阀门由管道排出。过滤下来的粉尘落入灰斗中，滤袋悬挂在支架上，通过脉冲振动或反吹气体使滤袋得到清灰。使用的滤袋料常常是涤纶和腈纶，耐温仅135℃，如用玻璃纤维作袋料，其耐温为250℃，所以废气必须用水冷和兑入冷风等方法，将废气冷却到允许温度，才能

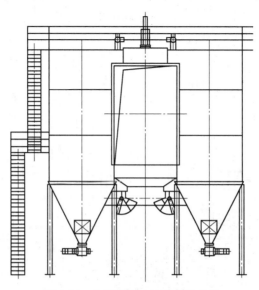

图 4-16 大型长袋脉冲袋式除尘器

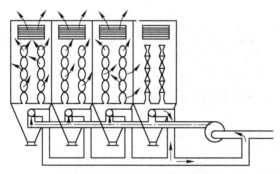

图 4-17 大型反吹风袋式除尘器

进入滤袋室。袋式除尘器的净化效率高且稳定，维护费用低，滤袋使用期较长，排放气体含尘量不高于 $50mg/m^3$，在国内外均得到广泛的推广和应用。

4.2 转炉炼钢除尘典型案例

4.2.1 转炉湿法除尘工艺

原始 OG 湿法除尘是由日本新日铁和川崎公司于 20 世纪 60 年代联合开发研制成功的[22]，工艺模式为通常所说的"两文三脱"，如图 4-18 所示。该工艺流程中烟气走向是：汽化冷却烟道→溢流饱和文氏管→重力脱水器→弯头脱水器→可调喉口文氏管→弯头脱水器→洗涤塔→风机。烟气经过活动烟罩、固定烟罩、汽化冷却烟道后温度为 900~1050℃，进入溢流饱和文氏管后温度降至 72℃，进行粗除尘，通过重力除尘器、弯头脱水器脱水后进入可调喉口文氏管进行精除尘，并将烟气温度降至 67℃，烟气含尘量降至 $100mg/m^3$，经弯头脱水器、洗涤塔后进入风机。原始 OG 湿法除尘技术成熟可靠、系统相对简单，但存在处理烟气量偏小、易堵塞、脱水效果差、引起风机叶轮带水振动、除尘效果一般等问题。

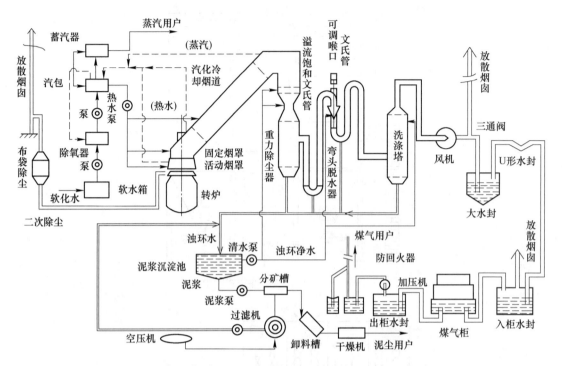

图 4-18　原始 OG 法烟气净化回收工艺系统流程

新 OG 湿法除尘工艺（图 4-19）中，烟气流程为：转炉烟罩→汽化冷却烟道→非金属

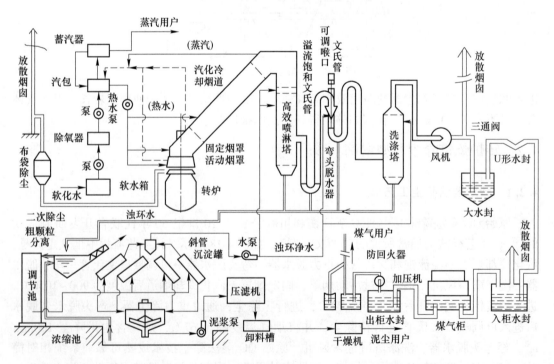

图 4-19　新 OG 法烟气净化回收工艺系统流程

膨胀节→高效喷雾洗涤塔→环缝文氏管→旋流脱水器→管道→煤气鼓风机→三通阀→放散烟囱达标点燃放散（或回收）。新OG法多半是在原始OG法基础上进行改造的，降低了风机能源消耗，提高了回收煤气的质量和数量，提高了水资源利用率，减轻了污水和尘泥的处理负担，节约了占地面积等[23]。

4.2.2 转炉干法除尘工艺

转炉干法除尘技术在国际上已被认定为今后的发展方向，它可以部分或完全补偿转炉炼钢过程的全部能耗，有望实现转炉无能耗炼钢的目标。另外，从更加严格的环保和节能要求看，由于湿法净化回收系统存在着能耗高、二次污染的缺点，它将随着时代的发展而逐渐被转炉干法除尘系统取代，这是冶金工业可持续发展的要求。干法除尘技术已获得世界各国的普遍重视和采用，目前转炉干法除尘技术已得到了广泛应用[24,25]。转炉干法除尘系统工艺流程如图4-20所示。

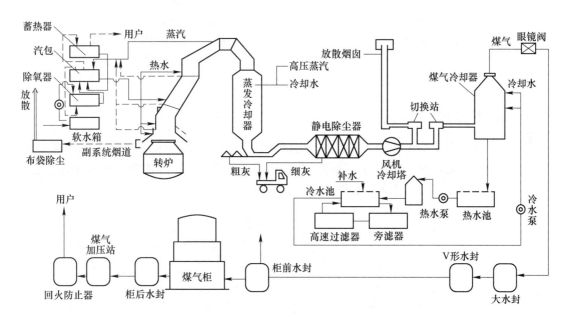

图 4-20 转炉干法除尘系统工艺流程

首钢300t "全三脱" 炼钢转炉采用了先进的干法除尘技术[26]，与传统的转炉煤气湿法除尘工艺(OG)相比，转炉煤气干法除尘技术具有节水、节电、环境清洁等优势，而且除尘灰经压块后可以直接作为转炉原料回收利用。转炉煤气(1400~1600℃)由烟罩收集后导入汽化冷却烟道，并在进入蒸发冷却器前通过热交换将高温煤气热量回收，使转炉煤气温度降低到1000℃以下，进入蒸发冷却器进行转炉煤气的二次降温和粗除尘；经过蒸发冷却器冷却后的煤气温度降低到210~230℃，再进入到干式静电除尘器中进行煤气精除尘；经过静电电除尘器净化的转炉煤气由轴流风机加压后，合格煤气经煤气冷却器再次降温后进入转炉煤气柜中，作为二次能源回收利用。首钢京唐转炉煤气干法除尘工艺流程如图4-21所示。

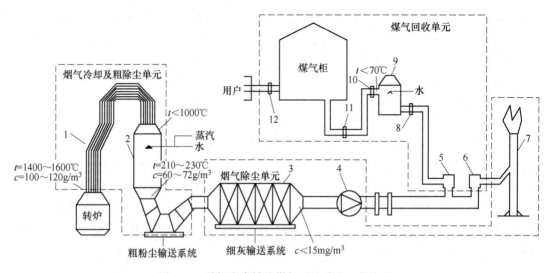

图 4-21　首钢京唐转炉煤气干法除尘工艺流程

1—汽化冷却烟道；2—蒸发冷却器，$\phi=6m$；3—干式电除尘器，$\phi=12.6m$；4—ID 风机，

$Q=192000m^3/h$，$p=1980kW$，$\Delta p=8.5kPa$；5—回收杯阀，$DN2600mm$；6—放散杯阀，$DN2000mm$；

7—放散烟囱；8—高温眼镜阀，$DN2600mm$；9—煤气冷却器，$\phi=6.9m$；10—回收眼镜阀，$DN2200mm$；

11—气柜入口切断阀，$DN2600mm$；12—气柜出口切断阀，$DN2600mm$；t—烟气温度；c—烟气粉尘浓度

4.2.3　转炉半干法除尘工艺

由于全湿法除尘与干法除尘都有各自的优缺点，且较多原始 OG 湿法除尘系统需要进行全面改造，于是出现了湿法与干法相结合的半干法除尘工艺，其粗除尘采用干法工艺，精除尘沿用湿法工艺。其工艺流程图如图 4-22 所示。

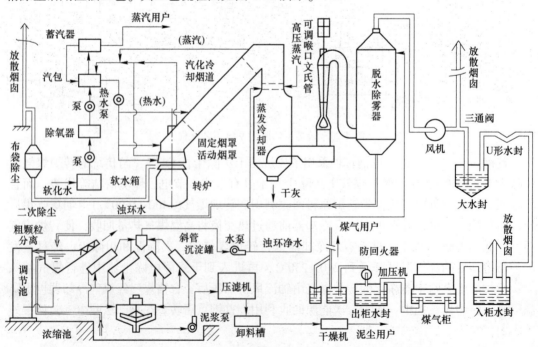

图 4-22　转炉半干法除尘系统工艺流程

　　该工艺特点是采用干法除尘系统中的蒸发冷却器作为一级除尘设备,将原湿法除尘中的可调喉口文氏管作为二级精除尘设施。与全湿法转炉烟气净化与回收工艺相比,在一定程度上减少了占地面积、水消耗、污水量、泥浆量、烟气含尘量等;与干法除尘工艺相比,节省了投资,消除了泄爆的问题,减轻了吹炼工艺的负担。在原有湿法工艺上进行改造,具有更大的成本及技术优势,使得近年来半干法除尘越来越受到人们青睐。转炉烟气流程为:转炉活动烟罩→固定烟罩→汽化冷却烟道→蒸发冷却器→可调喉口文氏管→脱水除雾器→风机。

　　莱钢特钢120t转炉半干法除尘采用蒸发冷却技术与湿法除尘相结合的转炉除尘工艺[27]。转炉干法除尘由蒸发冷却器和干式电除尘两大部分组成,湿法除尘则是转炉炼钢中的传统的OG除尘工艺。蒸发冷却器由蒸发冷却、顶部软连接、底部刮板链除尘灰收集三部分组成。在蒸发冷却器中,经过雾化后的水滴以较高的效率将转炉烟气中40%~50%的粗颗粒捕集,并在其后100%瞬间蒸发进入烟气(4~5s),烟气中的粗颗粒则降落至蒸发冷却器底部进行收集,此过程不产生污水污泥;汽化烟道与蒸发冷却器之间的软连接采用干式密封;蒸发冷却器和电除尘收集的粉尘均为干粉尘。莱钢特钢事业部在全国首先投入使用半干法一次除尘系统,经过8年的成熟使用,其除尘效果、煤气回收具备较多优点。莱钢特钢事业部两座120t转炉半干法除尘工艺流程如图4-23所示。

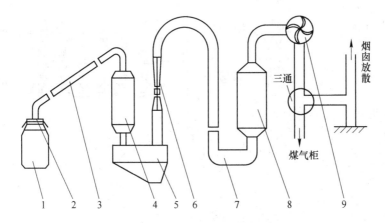

图4-23　莱钢120t转炉半干法除尘工艺流程

1—转炉;2—活动烟罩;3—汽化烟道;4—蒸发冷却器;5—链式输送机;6—环缝式文氏管;
7—背包脱水器;8—旋流板脱水器;9—煤气鼓风机

　　其工艺流程为:约1550℃的转炉烟气在除尘风机的抽引作用下,经过汽化冷却烟道,温度降低到850~100℃进入蒸发冷却器,蒸发冷却器内采用10支均匀分布的双介质雾化冷却喷嘴,对转炉烟气进行第一步降温、粗除尘。在此装置中,有40%~50%较大的粉尘颗粒在蒸发冷却器的作用下被去除,粉尘通过链式输送机、双板阀进入粗灰料仓由汽车外运;蒸发冷却器出口烟气温度降低到280~400℃,通过环缝式文氏管、背包脱水器、旋流板脱水器后降温、精除尘、脱水后烟气含尘量稳定降低至约20mg/N左右,烟气温度降到40~50℃。烟尘进入除尘水后经污水处理系统处理后,除尘泥经汽车外运至烧结厂加工利用,净化后的烟气通过机后三阀的切换进行回收或放散,合格烟气进入煤气柜利用,不合格烟气通过放散烟囱点火放散。

4.3　电弧炉炼钢除尘典型案例

从电炉炉盖第 4 孔或第 2 孔排出的烟气温度高达 1400~1600℃，烟气带走的热量较大，占电炉总热量的 15%~20%。为节省电炉熔化废钢的电能，缩短电炉冶炼时间，提高产量，降低电极和耐火材料消耗，现代电炉炼钢技术采用各种电炉炉型，基本上都是围绕如何利用电炉排出的高温烟气和二次燃烧技术进行废钢预热，因此其除尘过程需考虑电炉烟气的热能回收。常用的电炉类型有交流电弧炉、直流电弧炉、炉外预热型电炉、双炉座型电炉、竖式电炉及 Consteel 型电炉等，其配套的电炉除尘系统也可依据炉型进行分类，且除尘系统通常不仅包含一次烟气的除尘装置，还包括二次烟气及相关精炼设备烟气的除尘装置，如图 4-24 所示[2,7]。

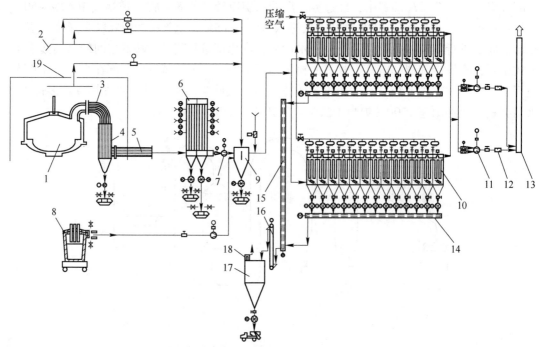

图 4-24　电炉和精炼炉炉内排烟与屋顶排烟和密闭罩排烟相结合

1—电炉；2—电炉屋顶烟罩；3—水冷弯头；4—沉降室；5—水冷烟道；6—强制吹风冷却器；7—增压风机；
8—精炼炉；9—烟气混合室；10—脉冲除尘器；11—主风机；12—消声器；13—烟囱；14—刮板机；
15—集合刮板机；16—斗提机；17—储灰仓；18—简易过滤器；19—密闭罩

4.3.1　交、直流型电炉除尘系统

交、直流型电炉直接用炉内高温烟气和二次燃烧技术预热废钢，炉内一次烟气从电炉炉盖第 4 孔或第 2 孔排出，直接进入除尘系统[28]，如图 4-25 所示。与炉外排烟除尘及精炼炉除尘等相结合性较好，目前国内外该工艺使用最为普遍。

4.3.2　炉外预热型电炉除尘系统

电炉废钢预热装置设置在炉外，电炉排出的高温烟气经除尘系统的燃烧室出口，进入

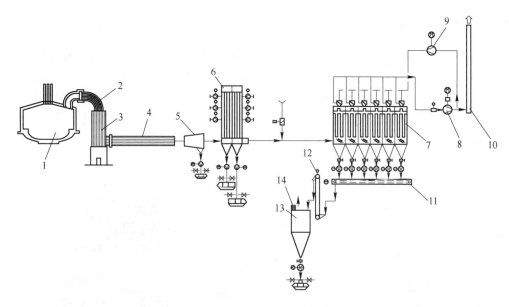

图 4-25　交、直流型电炉除尘系统

1—电炉；2—水冷弯头；3—沉降室；4—水冷烟道；5—灰粒捕集器；6—强制吹风冷却器；7—大布袋除尘器；
8—主风机；9—反吹风机；10—烟囱；11—刮板机；12—斗提机；13—储灰仓；14—简易过滤器

废钢预热装置进行废钢预热，加热后的废钢平均温度 250℃，吨钢可节省电能消耗 25kW·h。由于炉外废钢预热装置的维护和检修，除尘系统还需配置空气冷却器。除尘系统如图 4-26 所示[7,29]。

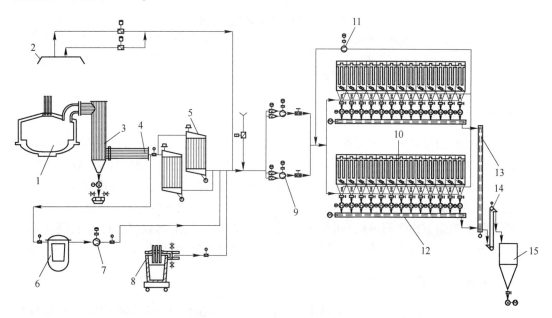

图 4-26　炉外预热电炉除尘系统

1—电炉；2—电炉屋顶烟罩；3—沉降室；4—水冷烟道；5—自然对流冷却器；
6—强预热装置；7—增压风机；8—精炼炉；9—主风机；10—大布袋除尘器；
11—反吸清灰机；12—刮板机；13—集合刮板机；14—斗提机；15—储灰仓

4.3.3　双炉座型电炉除尘系统

双炉座型废钢预热与炉外预热不同，它将一座正在工作中的电炉所排出的高温烟气直接引入另一座装有废钢的电炉，高温烟气和电炉二次燃烧装置对废钢进行预热，由于高温烟气在炉内与废钢直接接触，故节能效果显著，且冶炼时间紧凑。加热后废钢平均温度约600℃。考虑有一台电炉的维护和检修等因素，除尘系统还需设置旁通管道。除尘系统如图 4-27 所示[7,30]。

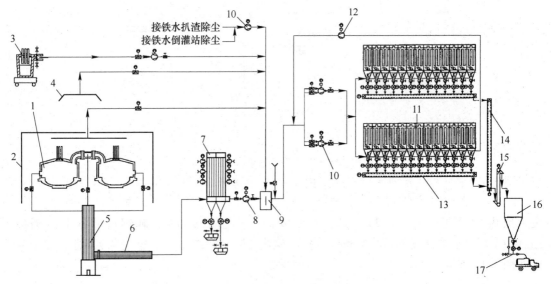

图 4-27　双炉座型电炉除尘系统

1—双炉座型电炉；2—电炉密闭烟罩；3—精炼炉；4—电炉屋顶烟罩；5—燃烧室；6—水冷烟道；
7—强制吹风冷却器；8—增压风机；9—烟气混合室；10—主风机；11—大布袋除尘器；12—反吸清灰机；
13—刮板机；14—集合刮板机；15—斗提机；16—储灰仓；17—吸引嘴

4.3.4　竖式电炉除尘系统

带有手指状的竖式电炉将废钢托住，电炉冶炼时产生的高温烟气由竖式电炉手指处的下部向上从废钢块缝隙穿过，同时竖炉配置了后燃烧嘴和鼓风机，使烟气中 CO 燃烧率保持较高，在电炉冶炼过程中，恒定高温烟气温度并保持废钢与废气的全过程接触，竖炉手指处的废钢温度高达 1300~1400℃，加热后的废钢平均温度约 800℃，使得电炉吨钢耗电量显著下降，吨钢节约电能消耗 90kW·h。另外，高温燃烧室的设置，可有效烧除烟气中的二恶英等有毒、有害气体。竖式电炉除尘系统如图 4-28 所示[31]。

4.3.5　Consteel 型电炉除尘系统

Consteel 型电炉主要是利用电炉排出的高温烟气和设在预热室上部的烧嘴（烧嘴只在第一炉废钢预热时采用），对堆放在运输振动排上的废钢，进行由上向下恒定的高温预热，预热后的废钢平均温度达 600℃左右，然后通过振动排连续不断地向电炉供给各种形状的废钢。根据该电炉出钢时的烟尘捕集，除尘系统如图 4-29 所示，该工艺无屋顶烟罩、

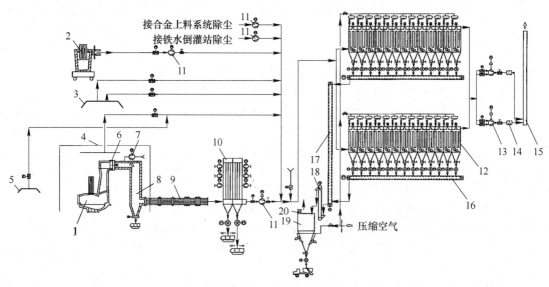

图 4-28 竖式电炉除尘系统

1—电炉；2—精炼炉；3—电炉屋顶烟罩；4—电炉密闭烟罩；5—兑铁水罩；6—水冷滑套；7—鼓风机；
8—燃烧室；9—水冷烟道；10—强制吹风冷却器；11—增压风机；12—脉冲除尘器；13—主风机；
14—消声器；15—烟囱；16—刮板机；17—集合刮板机；18—斗提机；19—储灰仓；20—简易过滤器

抽风量少、投资少。另外，由于除尘系统中设置了高温烟气反应室，能有效烧除烟气中的二恶英等有毒、有害气体[2,32,33]。

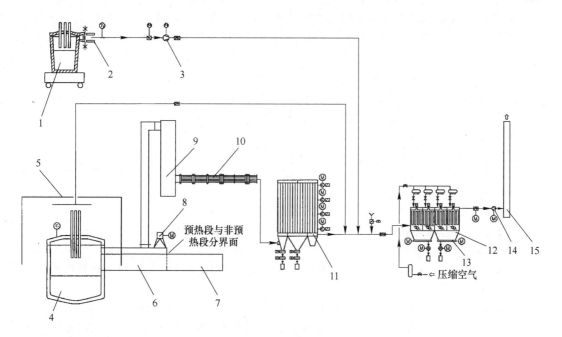

图 4-29 Consteel 型电炉除尘系统

1—精炼炉；2—调节活套；3—增压风机；4—电炉；5—电炉密闭罩；6—预热段；7—非预热段；
8—密封风机；9—反应室（沉降室）；10—水冷烟道；11—强制吹风冷却器；12—脉冲除尘器；
13—螺旋输送机；14—主风机；15—烟囱

参 考 文 献

[1] 马春生. 转炉烟气净化与回收工艺 [M]. 北京：冶金工业出版社，2014.

[2] 王永忠，宋七棣. 电炉炼钢除尘 [M]. 北京：冶金工业出版社，2003.

[3] 申英俊，李春和，刘雪冬. 转炉炼钢除尘工艺技术现状及发展 [J]. 中国钢铁业，2008（9）：33～35.

[4] 杨永利. 转炉炼钢除尘技术现状及常见问题的分析 [J]. 民营科技，2014（2）：6.

[5] 张先贵，宋青，徐安军，等. 转炉干法除尘应用技术 [M]. 北京：冶金工业出版社，2011.

[6] 沈仁，华伟明. 电炉炼钢除尘与节能技术问答 [M]. 北京：冶金工业出版社，2009.

[7] 刘会林，朱荣. 电弧炉短流程炼钢设备与技术 [M]. 北京：冶金工业出版社，2012.

[8] 刘晨. 我国转炉除尘的状况、存在问题和解决途径探讨 [J]. 冶金环境保护，2005（6）：35～38.

[9] 龚义书，丁宝忠，黄志甲，等. 文氏管洗涤器除尘与节能的探讨 [C]//1997 中国钢铁年会论文集（上），1997.

[10] 陈民，魏光瑞，薛鹏. 蒸发冷却器与湿法除尘系统工艺结合的研究与应用 [J]. 冶金设备，2010（2）：63～65.

[11] 李江，掌佩静. LT 蒸发冷却器的控制技术研究 [C]//第十四届全国炼钢学术会议，2006.

[12] 郝旭东. 转炉煤气干法静电除尘器 [J]. 中国信息化，2013（8）.

[13] 颜作平. 浅析圆筒形静电除尘器（ESP）高压电场控制系统 [J]. 涟钢科技与管理，2012（3）：20～24.

[14] 包宏. 炼钢炉综合除尘系统的设计研究 [D]. 阜新：辽宁工程技术大学，2005.

[15] 祝立萍，龚义书. 旋风除尘器阻力损失的实验研究 [J]. 节能，1999（4）：14～17.

[16] 王怀安，申英俊. 喷雾洗涤塔在承钢 100t 转炉烟气净化回收中的应用 [J]. 冶金环境保护，2005（6）：32～33.

[17] 马宏伟，毛文鹏，李德生. 电弧炉炼钢除尘系统 [J]. 中国铸造装备与技术，2012（5）：48～49.

[18] 何荣. 电炉排烟装置 [J]. 电力机车与城轨车辆，1981（9）：16～22.

[19] 王永忠，顾晔骅. 关于燃烧室的现代电弧炉炼钢中的作用和设计要求 [J]. 上海宝钢工程设计，2000（2）：30～35.

[20] 蔡义光. ABB 机力冷却器的应用 [J]. 冶金设备，1994（6）：24～26.

[21] 高肖智，徐兴建. 袋式除尘器在电炉除尘中的应用 [C]//布袋、电除尘器在冶金工厂的应用学术研讨会，1995：69～71.

[22] 王承宽. 宝钢转炉的 OG 系统 [J]. 炼钢，1986（2）：67～75.

[23] 王宇鹏，王纯，俞非漉. 转炉烟气湿法除尘技术发展及改进 [J]. 环境工程，2011，29（5）：102～104.

[24] 王永刚，王建国，叶天鸿，等. 转炉煤气干法除尘技术在国内钢厂的应用 [J]. 重型机械，2006（2）：1～3.

[25] 张德国，魏钢，张宇思. 欧洲转炉干法除尘应用考察 [J]. 工程与技术，2009（1）：56～62.

[26] 张福明，张德国，张凌义，等. 大型转炉煤气干法除尘技术研究与应用 [J]. 钢铁，2013，48（2）：1～9.

[27] 陈民，魏光瑞，初健，等. 莱钢转炉半干法除尘研究及应用 [C]//全国冶金能源环保生产技术会论文集，2013.

[28] 张毅，朱春雷. 110t 交流电弧炉除尘系统设计优化 [J]. 新疆钢铁，2007（1）：27～29.

［29］杨金岱. 废钢预热——电炉炼钢高产节电的有效途径［J］. 特殊钢, 1983（5）：19~23.

［30］曹先常. 电炉烟气余热回收利用技术进展及其应用［D］//第四届中国金属学会青年学术年会, 2009.

［31］倪冰, 郁福卫, 王新江, 等. 安钢100t竖式电炉废钢预热技术研究［C］//全国能源与热工学术年会, 2004.

［32］薛晓丁, 张宇清, 何勇. Consteel连续炼钢电炉除尘技术综述［J］. 钢铁技术, 1999（6）：39~44.

［33］陈杰, 刘平. 60t Consteel电弧炉除尘系统的介绍［J］. 现代机械, 2008（6）：78~79.

下 篇

典型钢种冶炼案例分析

5 不 锈 钢

5.1 不锈钢及其性能

5.1.1 不锈钢发展概况

18 世纪末铬的发现使不锈钢出现在人类社会中。进入 20 世纪后，关于不锈钢的研究、开发和生产进入了高速发展期，以德国、英国、法国、美国为代表的欧美工业发达国家迅速实现了工业化生产[1~3]。我国自 1952 年开始生产不锈钢，进入 21 世纪后我国不锈钢需求量逐年增大，但我国不锈钢生产企业规模、专业化生产、产量、质量、品种及工艺技术等方面与工业发达国家相比仍有很大差距[3,4]。尽管不锈钢发展已有 200 余年的历史，但世界范围内不锈钢技术区域发展极不平衡，发达国家不锈钢技术研究及生产工艺已成熟并趋于稳定，而欠发达地区不锈钢生产技术对外依赖性较大，不锈钢工艺技术研究空间较大。

早期不锈钢工业化生产是以电弧炉、感应炉熔化为基础，配加铬铁，难以利用不锈钢废钢，原料要求高，生产成本较高。氧气炼钢法运用于不锈钢生产后，可以大量使用不锈钢废钢，极大降低了生产成本。20 世纪下半叶，德国、日本等开发出转炉炼钢——不锈钢精炼工艺，尝试采用 VOD、AOD 等精炼工艺进行不锈钢生产[5]。其中 AOD 法迅速在全世界范围内得到普遍应用，基本形成了现今不锈钢冶炼的整体格局。

5.1.2 不锈钢分类

我国国家标准及国际上通用的不锈钢分类标准是按钢的金相组织划分[6]，分为 5 类，即马氏体型不锈钢、铁素体型不锈钢、奥氏体型不锈钢、奥氏体-铁素体型不锈钢（双相不锈钢）和沉淀硬化型不锈钢。此外，按钢中合金元素分类又可分为铬系不锈钢、铬镍系不锈钢、铬镍钼系不锈钢、低碳不锈钢、超低碳不锈钢和高纯不锈钢等；按用途及使用特性也可分为耐硝酸不锈钢、耐硫酸不锈钢、耐点蚀不锈钢、耐应力腐蚀不锈钢、低温不锈钢、无磁性不锈钢、高温不锈钢、易切削不锈钢等。

通过进行热处理来控制不锈钢的金相组织时，可采用相变和恢复、再结晶等方式来实现，相变的内涵主要是结构变化、组成变化和其规律性的变化。不锈钢相变中最常见的马氏体相变就是其结构发生变化的一种形式[7]。

5.1.2.1 马氏体型不锈钢

马氏体型不锈钢具有良好的淬火性能，即使是截面积很大的工件，也可在空冷条件下实现淬火硬化。马氏体型不锈钢与相同碳含量的碳素钢、合金钢相比，其珠光体相变时间延迟，曲线鼻部温度上升，镍的作用显著，添加 1% 镍即可极大改善淬火性能[8]。

马氏体型不锈钢中的合金元素可改变钢的 Ms 点，其中碳的影响尤为显著。高碳时 Ms 点向低温方向移动，易生成残留奥氏体。在淬火温度 1180℃ 条件下，13%Cr 的不锈钢碳含量大于 0.80% 时，Ms 点降至室温以下，生成物为过冷奥氏体相组织，产生的残留奥氏体会降低其淬火硬度。高碳马氏体型不锈钢应抑制残留奥氏体形成和残留奥氏体相变引起的尺寸变化，需在淬火后低温处理来减少残留奥氏体。

对马氏体型不锈钢的淬火回火处理，目的是改善马氏体型不锈钢的拉伸性能和得到高的持久强度和屈强比，一般采用高温回火或添加钼、钨和钒等元素来改善性能，达到兼顾韧性、拉伸性能和耐应力腐蚀性能的目的。

5.1.2.2　铁素体型不锈钢

铁素体型不锈钢在碳和氮含量极低时，无论在高温还是室温下均为铁素体单相。当碳和氮含量增加时就会在高温下生成 γ 相，可通过回火处理析出碳化物和氮化物而变为铁素体单相[9]。

高铬铁素体型不锈钢在高温加热后会出现 σ 相脆化、475℃ 脆性和高温脆性等现象。σ 相为非磁性硬相，当铬含量大于 25% 和加热温度高于 600℃ 时即可在较短时间内产生，硅、锰、镍、钼等元素可使其生成范围变宽，铬的增加会使 TTT 曲线向短时间方向扩展，铝则对其有抑制作用。冷加工中，短时间内即可产生 σ 相析出，一旦发生 σ 相脆化，可加热至 850~900℃ 使析出的 σ 相固溶，再急冷就可消除脆性和恢复韧性。将铁素体钢在 400~500℃ 长时间加热就会出现 475℃ 脆化现象，目前暂未发现可以改善 475℃ 脆性的合金元素，一般发生 475℃ 脆性的钢在 600℃ 进行短时间处理即可消除脆性和恢复韧性。高温脆性是指高铬铁素体型不锈钢从 900~1000℃ 冷却时，随晶粒的粗化和碳化物相晶界凝集发生的脆化现象。在深冲、弯曲等冷加工时会因晶粒粗化导致表面易发生粗糙等缺陷，且碳化物析出易导致晶间腐蚀敏感性增加。为避免高温脆性，需从高温缓冷至 800℃ 左右或 650~800℃ 短时间退火。

5.1.2.3　奥氏体型不锈钢

镍具有显著的扩大奥氏体相区域的作用，且钢中存在碳、氮等奥氏体稳定化元素，可以使含镍不锈钢室温下即有 γ 单相。碳、氮、钴、锰、铜等元素为奥氏体稳定化元素，其中氮较碳有约两倍的固溶度。奥氏体型不锈钢中大量添加锰或镍可以促进 γ 相稳定，但该奥氏体相为亚稳态，在进行冷却或加工过程中部分或全部亚稳定奥氏体相会发生马氏体相变，但一般可以通过再加热进行逆相变恢复[10,11]。

奥氏体型不锈钢金相组织相对稳定，其中碳化物的提出与其耐蚀性能、高温强度和韧性等主要性能密切相关。1000℃ 附近做固溶热处理可使碳的固溶量达到最高，温度低于 800℃ 时固溶量急剧下降而产生碳化物。一般固溶化处理后或焊接后冷却过慢易在晶界上产生碳化物，进而导致晶界腐蚀敏感。此外，镍的增加会使碳固溶量减少，铬的增加会使碳固溶量增加，合金元素的添加有时也会在晶界处形成相应的碳化物。

5.1.2.4　双相不锈钢

进行不同铬当量和镍当量的组合可以得到铁素体和奥氏体的双相组织，双相不锈钢兼有奥氏体钢和铁素体钢的优点。为确保 γ 相的量需添加 4%~11% 的镍，为提高其耐蚀性需添加不多于4%的钼。在1050~1100℃固溶处理，使α相基体中分散不多于50%的γ相，并在400~1000℃条件下进行时效，生成金属间化合物、碳化物及氮化物等析出物[12~14]。

在双相组织中，铬、钼、硅等铁素体稳定元素浓缩于α相中，而镍、锰、碳、氮等奥氏体稳定元素浓缩在γ相中。双相不锈钢既会发生和铁素体型不锈钢一样的脆化现象，也会出现奥氏体型不锈钢的马氏体相变现象。

5.1.2.5 沉淀硬化型不锈钢

沉淀硬化型不锈钢是除具备不锈钢特有的耐蚀性外，还可通过进行时效处理实现沉淀硬化的高强度不锈钢。依据基体金相组织，即根据铬当量和镍当量之间的平衡情况，可以分为马氏体系沉淀硬化型不锈钢、半奥氏体系沉淀硬化型不锈钢、奥氏体-铁素体系沉淀硬化型不锈钢、奥氏体系沉淀硬化型不锈钢和铁素体系沉淀硬化型不锈钢[15]。

（1）马氏体系沉淀硬化型不锈钢。铬和镍的含量少且铬当量和镍当量低。由于马氏体相变结束温度高于室温，因此固溶化处理奥氏体相冷却过程会发生马氏体相变，在室温下为马氏体组织。

（2）半奥氏体系沉淀硬化型不锈钢。铬当量与镍当量较马氏体系沉淀硬化型不锈钢高，Ms点接近室温。固溶处理后形成亚稳态γ相，低温退火处理可发生马氏体相变。单独和复合添加铝、钛、钼等沉淀硬化元素，经450~550℃时效处理可产生α′相和η相，实现硬化。

（3）奥氏体系沉淀硬化型不锈钢，含有较多的奥氏体稳定化和铁素体稳定化元素，镍当量高且Ms点在室温以下。固溶处理状态下为γ单相组织。添加碳、磷、氮、钛、铝、铌、钒等元素作为沉淀硬化元素，时效处理析出碳化物、氮化物、磷化物、η相和γ′相等达到沉淀硬化的目的。

（4）铁素体系沉淀硬化型不锈钢，只含少量镍等奥氏体稳定化元素，而铬、硅、钼等铁素体稳定化元素含量较高，其固溶化状态下呈现铁素体组织，时效处理温度为550~600℃。

5.1.3 不锈钢特性

不锈钢最重要的特性是耐蚀性能，此外，还具有特定的力学性能（屈服强度、抗拉强度、蠕变强度、高温强度、低温强度等），物理性能（密度、比热容、线膨胀系数、导热系数、电阻率、磁导率、弹性系数等），工艺性能（成型性能、焊接性能、切削性能等）及金相组织（相组成、组织结构等）等[6]。

5.1.3.1 耐腐蚀性能

不锈钢的耐腐蚀性能一般随铬含量的增加而提高，当钢中有足量的铬时会在钢的表面形成非常薄的致密钝化氧化膜，防止钢的进一步氧化或腐蚀。氧化性环境可以增强这种膜，而还原性环境则容易破坏氧化膜，造成钢的腐蚀。不锈钢的腐蚀主要为点蚀、晶间腐蚀和应力腐蚀等。

点蚀主要是由于某些侵蚀性阴离子对不锈钢表面钝化膜的局部破坏，腐蚀作用在钢表面形成细小的孔或凹坑，使表面形成无规律分布的小坑状腐蚀。为减少点蚀一般应避免卤素离子集中分布于不锈钢表面，并确保稳定均匀的服役环境[16]。钢中添加 2%~4%钼的奥氏体型不锈钢具有良好的耐点蚀性能，可以显著减少不锈钢在氯化钠溶液、海水、亚硫酸、硫酸、磷酸、甲酸等腐蚀介质条件下的点蚀和一般腐蚀。此外，在不锈钢使用过程中，增加环境 pH 值、降低环境温度、采用阴极防腐等方式也具有抑制点蚀的作用。

晶间腐蚀主要发生在碳含量超过 0.03%的不稳定奥氏体型不锈钢中，由于热处理不当易在晶界处析出碳化物，并造成最邻近区域铬贫化，引起局部腐蚀。常见的不锈钢焊接过程中，在焊接热影响区极易造成晶间腐蚀。可以对工件在 1040~1150℃进行热处理以溶解碳化物，并在 425~815℃区间快速冷却防止碳化物再次析出。

应力腐蚀裂纹是拉伸静应力和导致裂纹与金属脆化的腐蚀共同作用引起的。产生应力腐蚀裂纹的环境通常较为复杂，所涉及的应力通常不仅仅是服役环境中的工作应力，还有制作、焊接或热处理过程中在金属组织内部的残余应力，一般选用能在相应环境下耐应力腐蚀的材料，如在热的氯化钠溶液环境中选用 0Cr18Ni13Si4 或铁素体型不锈钢，在硫化氢环境中选用铁素体或奥氏体型不锈钢等，一般不能选用硬化的马氏体型不锈钢。

不锈钢在大气、土壤、淡水、海水、酸碱盐溶液等多种不同的服役环境下，腐蚀源及腐蚀机理差异极大，卤素离子、pH 值、温度、工作状态等均对不锈钢的耐蚀性能影响较大。不锈钢的选择与使用应当依据具体服役条件，针对可能存在的主要侵蚀因素和侵蚀方式进行分析，选择合适的不锈钢品种，才能达到良好的耐侵蚀效果。

5.1.3.2　力学性能

不锈钢的力学性能主要包括抗拉强度、屈服强度、蠕变强度、疲劳强度、冲击韧性等。不锈钢的基体相组成、化学成分、热处理方式等对该方面力学性能有较为显著的影响[17]。

不锈钢的抗拉强度与屈服强度受添加不同化学元素（主要为金属元素）的影响最大，其成分差异决定了该方面的强度特性。铬镍等主要合金元素对不锈钢基体相的形成起主要作用，镍可以促进奥氏体的形成，而铬能够扩大铁素体区。马氏体相属于高强度相，但塑性较差；铁素体塑性较好，但硬度和抗拉强度则较差；奥氏体相中增加碳后强度会显著提高。钼对提高钢的强度、硬度及二次硬化效果显著，含量通常少于 1%。钨、铌、钛等元素作为各类型不锈钢的添加元素，也会不同程度地增强不锈钢的强度性能。马氏体型不锈钢在 600℃以下强度最高；铁素体不锈钢高温强度一般最低，对热疲劳抵抗能力最强；奥氏体型不锈钢其组织为面心立方结构，高温强度及蠕变强度较高；双相不锈钢兼有奥氏体型不锈钢和铁素体型不锈钢的双重特性，当铬当量为 5%时，钢的屈服强度达到极大值，当镍含量为 10%时，钢的硬度达到极大值。

蠕变强度指由于外力作用随时间增加而发生形变的现象，在高温下、载荷较大条件下发生蠕变的速度加快。不锈钢的蠕变性能不仅受到不锈钢本身内部组织形态的影响，还受到外部服役条件的影响，通常是多因素的交互作用。因此，熔炼方式、脱氧方法、凝固方法、热处理、加工方式等对不锈钢蠕变性能均有决定性作用。

疲劳是指材料服役过程中由于周期性反复变化的引力作用而发生损伤至断裂的过程，抵抗这种损伤断裂的能力称为疲劳强度。受热与冷却过程发生的膨胀和收缩，也会导致材料内部产生周期性应力，使材料发生损伤破坏，热疲劳是不锈钢材料经常面临的问题。不锈钢的成分和热处理条件对疲劳强度影响显著，一般铁素体型不锈钢具有良好的热疲劳性能，奥氏体型不锈钢高温条件下具有良好的延展性。

冲击韧性是指材料在冲击载荷作用下，载荷变形曲线所包括的面积。对于铸造马氏体时效不锈钢，镍含量5%时冲击韧性较低，随镍含量增加，钢的强度与韧性得到改善，镍含量超过8%后，强度和韧性又将下降。铁素体型不锈钢增加钼可使强度提高，但缺口敏感性提高，致使冲击韧性下降。具有稳定奥氏体组织的铬镍系奥氏体型不锈钢的室温与低温韧性优良，作为室温或低温环境下各种服役条件工件大量使用。

5.1.3.3　工艺性能

不锈钢的工艺性能主要指不锈钢工件的可加工性能，主要包括成型性能、焊接性能、切削性能和淬透性等几方面[18]。工艺性能直接影响不锈钢成品的性能与生产成本，即便各方面使用性能优异的钢种，如果难以加工或加工过程中材料易受损破坏，其应用范围也将被严重限制。

不锈钢的成型性能因钢种结晶结构不同而有很大差距。铁素体型不锈钢晶体结构为体心立方，其凸缘成型性能与加工硬化指数 n 值相关，深冲加工性能与塑性应变比 r 值有关，采取相应措施减少固溶碳和固溶氮可以大幅提高深冲性能。奥氏体型不锈钢晶体结构为面心立方，加工硬化指数 n 值较大，加工过程中易诱发相变产生马氏体，可进行深冲加工和凸缘成型。双相不锈钢中增加镍可降低马氏体转变温度，进而改善冷加工变形性能。

焊接在不锈钢加工过程中不可避免，焊接会在局部产生高温，如何保证焊接过程顺利及焊接后工件性能不会变差，是重要的研究内容。不锈钢与普通碳钢相比，更易在焊接接头与热影响区产生各种缺陷。13%Cr 的马氏体型不锈钢在焊接时，热影响区中被加热到相变点以上温度区域发生 γ-α（M）相变，因此存在低温脆性、低温韧性恶化、延展性下降等一系列问题；18%Cr 铁素体型不锈钢一般具有良好的焊接性能，焊接裂纹敏感性较低；18%Cr-8%Ni 奥氏体型不锈钢一般经焊接后，焊头力学性能良好，但易在晶界处出现贫化铬层，易在使用过程中出现晶间腐蚀。不锈钢焊接性能主要表现在高温裂纹、低温裂纹、焊接接头韧性、σ 相脆化和475℃脆化等几方面。一般进行焊前预热和焊后热处理，可以有效改善该方面的性能。

一般奥氏体型不锈钢的切削性能比其他钢种较差，主要是由于切削过程中奥氏体型不锈钢加工硬化严重、导热系数低等原因造成的。未经淬火的马氏体型不锈钢与铁素体型不锈钢的切削性能与一般碳钢差距不大，但碳含量增加，切削性能均变差。一般向钢中添加硫、铅、铋、硒、碲等元素可以显著改善不锈钢的切削性能[19]。

对于马氏体铬镍不锈钢，一般需要进行淬火-回火热处理，不同合金元素对淬透性有不同影响。马氏体铬不锈钢中添加铬可提高铁碳淬透性，应用较为广泛；马氏体铬镍不锈钢中镍的添加可显著提高钢的淬透性和可淬透性。

5.1.3.4　物理性能

不锈钢的物理性能主要为线膨胀系数、密度、电阻率等几方面。各类不锈钢的物理特性差异较大，见表 5-1[6]。

表 5-1　各类不锈钢的物理性能

钢种	牌　号	密度(室温,×10⁻³)/kg·cm⁻³	熔点/℃	比热容(0~100℃)/kJ·(kg·℃)⁻¹	导热系数(100℃)⁻¹/W·(m·℃)⁻¹	线膨胀系数(0~100℃,×10⁻⁶)/℃⁻¹	电阻率(室温,×10⁻⁸)/Ω·m	纵向弹性模量(室温)/kN·mm⁻²
奥氏体型	1Cr17Ni7	7.93	1398~1420	0.50	16.3	16.9	72	193
	1Cr18Ni9Si3	7.93	1370~1398	0.50	16.3	16.4	72	193
	Y1Cr18Ni9	7.93	1398~1420	0.50	16.3	17.3	72	193
	0Cr18Ni9	7.93	1398~1453	0.50	16.3	17.3	72	193
	1Cr18Ni12	—	1398~1453	0.50	16.3	17.3	72	193
	0Cr25Ni20	7.98	1398~1453	0.50	16.3	14.4	78	200
	0Cr17Ni12Mo2	8.0	1370~1397	0.50	16.3	16.0	74	193
	0Cr19Ni13Mo3	8.0	1370~1397	0.50	16.3	16.0	74	193
	0Cr18Ni11Ti	7.98	1397~1425	0.50	16.3	16.7	72	193
	0Cr18Ni11Nb	8.0	1397~1425	0.50	16.3	16.7	73	193
马氏体型	1Cr12	7.8	1480~1530	0.46	24.2	9.90	57	200
	1Cr13	7.7	1480~1530	0.46	24.2	10.99	57	200
	1Cr15	7.7	1470~1510	0.46	24.2	10.3	55	200
	1Cr17	7.7	1371~1508	0.46	—	10.0	60	200
铁素体型	0Cr13Al	7.8	1480~1530	0.46	24.2	10.8	60	200
	1Cr17	7.7	1480~1508	0.46	26.0	10.5	60	200
双相钢	00Cr22Ni5Mo2N	7.8	1420~1462	0.46	16.3	10.5	88	196
沉淀硬化型	0Cr17Ni4Cu4Nb	7.78	1379~1435	0.46	16.3	10.8	98	196
	0Cr17Ni7Al	7.81	1414~1447	0.42	16.3	15.3	79	200

5.2 不锈钢冶炼的关键技术

不锈钢生产一般分为炼钢（冶炼和浇铸）和加工（开坯、热轧、冷轧、制管、拔丝等）两个阶段。前部分的炼钢过程不仅决定生产钢种的化学成分，而且对保证产品质量、降低生产成本、提高生产效率等也具有至关重要的作用。不锈钢是典型的高铬合金钢，其冶炼与浇铸过程具有特殊要求，针对特定钢种具有一套独特的工艺制度，相应地也采用了许多新的工艺和设备[5~7]。不锈钢冶炼的关键技术可以分为以下四点。

5.2.1 化学成分的严格控制

不锈钢广泛用于防锈、耐酸等多种用途，为此设计出了许多钢种。这些钢种各有不同的化学成分要求，所涉及的元素除常规的碳、硅、锰、磷、硫外，还有铬、镍、钼、铌、铜、钛、铝、氮等。这些元素的含量不仅直接影响产品的使用性能，而且也直接影响生产过程中的轧制加工性能和产品质量[20,21]。由于成分控制不当，也将对成本构成影响很大。另外，冶炼不锈钢要求对化学成分严格及控制，不仅要求符合产品标准，而且要求符合内控标准。目前世界上许多不锈钢厂家都是按本厂的内控成分炼钢，并且采用了计算机控制生产过程和直读光谱等手段，成分控制已达到相当高的水平。

5.2.2 不锈钢钢液"脱碳保铬"

为防止在大气中产生腐蚀，一般情况下不锈钢中含铬量大于 12%。为进一步提高耐蚀性能，钢中还需添加更多的铬和一定量的镍、钼、钛等元素，以适应更加苛刻的使用环境。在不锈钢的冶炼中，为准确控制铬含量并降低生产成本，冶金工作者想方设法提高铬的回收率，并视铬的收得率为重要的技术指标之一。而碳却对不锈钢的耐蚀性能有不良的影响，除了马氏体不锈钢外，大多数不锈钢都要把碳降低到较低水平。低碳不锈钢要求碳含量低于 0.08%，超低碳不锈钢要求达到 0.03% 以下，因而脱碳是不锈钢冶炼中的另一项重要任务。由于高铬钢液中的铬比碳先氧化，正常冶炼温度下，碳含量降至 0.03% 以下时，铬含量只能保持在 4% 左右。提高温度虽然能提高铬的平衡含量，但耐火材料难以承受，如含铬 18% 的钢液要做到深脱碳，需要温度达到 1900℃ 以上。

根据含铬钢水的冶金物理化学反应，通过降低 CO 分压的方式也可实现脱碳保铬的目的[22]。鉴于此，出现了真空精炼或向钢液中喷吹 N_2、Ar 等惰性气体的方式降低炉气中的 CO，并开发出了 VOD、VAD、AOD 等炉外精炼技术，实现了较低温度下的"脱碳保铬"，不仅实现了利用廉价的原料生产低碳和超低碳不锈钢，而且铬的回收率也达到了相当高的水平。开发出的相关精炼技术，在解决"脱碳保铬"问题的同时，还在脱氢、脱氧、脱硫、去除夹杂物、提高钢水纯净度等方面表现出极大的优越性。

5.2.3 低成本冶炼工艺控制

不锈钢作为一种高合金钢，冶炼会使用大量昂贵的合金原料，加以炼钢浇铸工艺比较复杂，炼钢成本在总的生产成本中占比较大，故降低炼钢成本在不锈钢生产中意义重大。降低炼钢成本的途径主要是依靠工艺技术上的改进，如使用廉价的原材料、提高铬回收率、降低钢铁料消耗、提高产品合格率、提高炉龄等都能极大的降低炼钢成本[23]。

在原材料使用方面，普遍采用的方式是使用返回法冶炼，也有通过添加铬精矿代替铬铁、NiO 或镍铁代替电解镍的方式降低原料成本。炉外精炼阶段，由于采用了真空精炼技术，含铬钢水的脱碳相对容易，因此使用高碳铬铁代替低碳铬铁也具有很好的成本效益。

采用连铸技术是降低能耗、提高收得率的重要技术措施。不锈钢连铸与模铸相比，不仅成材率提高了 10% 以上，而且还能大量降低生产过程中的能耗。目前世界上一些主要的不锈钢生产厂家均采用了连铸技术。连铸已成为进一步发展不锈钢的主要工艺支柱，它与炉外精炼一起，已经成为不锈钢工艺现代化的重要标志。

减少废品也就是降低钢铁料的消耗。在这方面主要问题是消除炉内化学成分的不稳定和减少因冶金缺陷或成分不当引起的轧后废品。当前不锈钢冶炼在降低碳、氧、氮、硫等方面已有成熟的措施，但在冶炼过程中磷的控制比较困难，大多厂家均是在原料成分上限制磷的含量来解决这一问题的。但随着不锈钢返回料的增加，钢中磷易发生富集，易发生磷超标，脱磷问题已成为不锈钢冶炼的重要技术课题。

提高炉龄、降低耐火材料消耗对于降低炼钢成本效果显著。炉衬的工作条件十分恶劣，高温下不仅承受炉渣的侵蚀、钢液及炉渣的冲刷，而且承受温度的周期性的急骤变化。国外先进企业炉龄较高，日本新日铁光制铁所炉龄可超过 500 炉次，耐火材料消耗降至 10kg/t 钢以下。目前国内 AOD 炉龄及耐火材料消耗指标距离国外先进水平差距仍然较大。

此外，采用氮气代替氩气、开发铬矿熔融还原冶炼不锈钢工艺等均对成本降低具有明显效果。

5.2.4　较高的表面质量要求

不锈钢对表面质量要求很严格，表面质量的好坏是判定产品质量最直观最主要的一项技术指标[24]。不锈钢中含有多种合金元素和易氧化元素，容易与空气中的氧气、氮气等发生反应生成夹杂物和翻皮等冶金缺陷。

作为冶炼和浇铸工序，防止缺陷产生的主要措施是防止钢水的二次氧化，因此不锈钢中特别强调保护浇铸，尽量使钢液和空气隔绝。采用长水口、浸入式水口、中间包氩气保护、结晶器保护渣等保护浇铸技术具有重要的意义。

不锈钢表面质量和所生产的钢种也有很大的关系。具体钢种的生产会有其特定的注重环节与特定的工艺特点，如含钛的钢种极易产生表面缺陷，在工艺上应严格控制。

5.3　典型不锈钢冶炼工艺

不锈钢冶炼最初采用坩埚法，之后发展到电炉冶炼工艺，20 世纪 60 年代开发出 VOD 和 AOD 等炉外精炼技术后，不锈钢冶炼进入了高速发展时期，之后的三步法冶炼工艺也是在以上精炼技术的基础上发展起来的[25]。

选择冶炼工艺流程必须考虑不锈钢生产的原料供应条件、生产规模、生产成本和产品品种与质量等因素[26]。对生产规模较小的企业，在不锈钢返回料供应充足的条件下，可选用适合不锈钢返回料生产的电炉不锈钢生产工艺流程，如图 5-1 所示。对生产规模较大的企业，如能具有较大的不锈钢返回料供应条件，可选用适合铁水+不锈钢返回料生产的电炉-转炉不锈钢生产工艺流程，如图 5-2 所示。对生产规模较大而不锈钢返回料供应缺乏的钢铁企业，为降低投资可选用适合全铁水不锈钢冶炼的转炉不锈钢生产工艺流程，如图 5-3 所示。

为了适应不锈钢生产规模日益增大的市场需求，目前，国内外新建的不锈钢生产线大多采用铁水-废钢混合流程，建设适应不锈钢和普钢生产的兼容性炼钢厂。

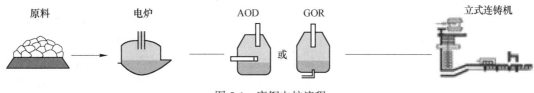

图 5-1　废钢电炉流程

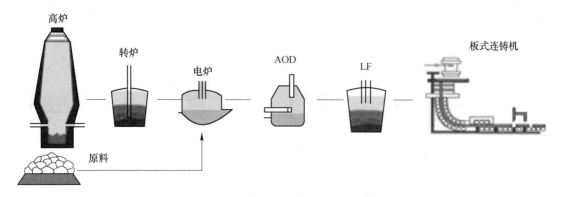

图 5-2　全铁水转炉流程

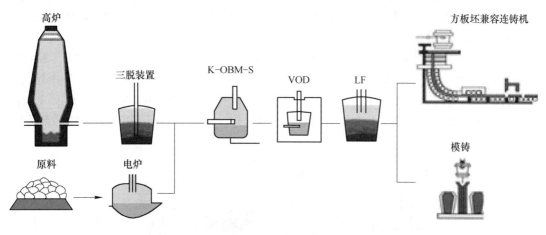

图 5-3　铁水+废钢流程

5.3.1　全废钢电炉不锈钢生产流程

选用返回料用电炉冶炼不锈钢是传统流程，工艺成熟、生产规模小（一般年产钢 40万～60 万吨）、生产成本低，国内小型不锈钢生产企业一般采用该工艺。一般流程为EAF—AOD（或 GOR）—CC，中间环节的精炼过程是冶炼的关键。

GOR（gas oxygen refining），即气氧精炼炉，是乌克兰国家冶金学院开发的一种不锈钢精炼炉,相比于 AOD 工艺,具有炉容比大、适合强化吹炼等优点,在中国新建不锈钢生产企业中得到了广泛应用[27]。

以下分别介绍我国全废钢电炉冶炼不锈钢的相关工艺。

(1) 张家港浦项钢铁。张家港浦项钢铁流程是典型 EAF-AOD 炉冶炼不锈钢流程,年产不锈钢粗钢 60 万吨[28]。主要设备包括 140t 电炉一座、150t AOD 精炼炉一座、钢包处理站及自结晶器板坯连铸机一台。主要工艺流程如图 5-4 所示,包括:合金及辅料处理系统用于电炉钢冶炼和精炼炉原料输送;超高功率电炉利用三组电极棒熔炼废钢及合金,并通过吹氧、喷碳等工艺冶炼出一定成分和温度的钢液;AOD 精炼炉则将电路熔化的钢液通过吹入一定比例的氧气/惰性气体来脱碳、去杂质、调整成分,获得成分合格、温度合适的钢液;浇铸前经氩气搅拌对成分微调,保证合适的浇铸温度后送连铸钢包台;连铸机将合格钢水通过中间包、结晶器、水冷段后浇铸出厚 200mm、宽 700~1400mm 的不锈钢板坯。

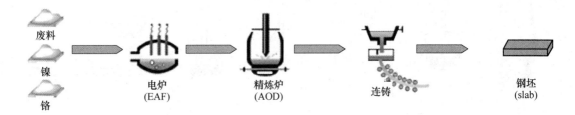

图 5-4　张家港浦项钢铁不锈钢生产流程

以 300 系列为例,其炉料结构为废钢 50%、碳素废钢 30%、高碳铬铁 14%、镍铁 4%、高碳锰铁 2%。出钢量 150t,熔化时间 60min,电耗 450kW·h/t,收得率 95%,氧耗 8~9m³/t(标态),石灰 50kg/t,白云石 6kg/t。

(2) 四川西南不锈钢。四川西南不锈钢以 70t EAF→GOR→LF→CC 工艺生产 304 低碳不锈钢,冶炼工艺流程如图 5-5 所示[29],首先将不锈钢废料和合金等在电炉中熔化,熔化后的铁水进入 70t GOR 中进行脱碳、脱硫等精炼操作,GOR 出钢后钢水被送到 LF 中进行温度和钢渣成分调节以及夹杂物去除等精炼操作,精炼后的钢水被送上连铸平台进行浇铸。

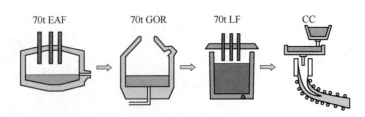

图 5-5　四川西南不锈钢冶炼工艺流程

GOR 炉冶炼过程主要分为两个阶段,即氧化期和还原期,脱硫发生在还原期开始后。还原期钢液温度在 1600~1630℃之间波动,还原渣量为 7.5~8.5t,还原期开始到冶炼结束时间约为 10min。GOR 终渣成分见表 5-2。

表 5-2 GOR 终渣成分 (质量分数) (%)

成 分	CaO	SiO$_2$	MgO	Al$_2$O$_3$	FeO	Cr$_2$O$_3$
含 量	55~60	28~38	3~8	0.5~3.0	<1.0	0.1~1.1

(3) 东方特钢。东方特钢不锈钢炼钢生产是在一条碳钢生产线的基础上改建而成的[30]，主要的工艺设备包括：从意大利得兴公司进口的 75t Consteel 高效节能超高功率电弧炉、90t AOD 氩氧精炼炉、90t LF 钢包精炼炉、一机一流板坯连铸机和板坯修磨机。该生产线的设计年生产能力为 50 万吨不锈钢板坯，主要产品为 300 系列不锈钢，包括 304、304L、316L、321 等；还有部分产品为双相不锈钢，包括 2101、2205、2507 等。

Consteel 电弧炉具有连续加料、连续预热、连续熔化、连续冶炼的特点；具有冶炼周期短、冶炼能耗低、冶炼噪声低、粉尘量低、金属回收率高、投资成本低等优点；在炼钢领域里，是一种具有较强生命力和较强竞争力的电弧炉炼钢先进技术。

其冶炼工艺流程如下：

(1) 不锈钢母液冶炼。将不锈钢母液生产原料镍铁用起重机加入到 Consteel 加料段，镍铁在 Consteel 预热段被电炉产生的高温烟气预热后进入到电炉内。通电熔化，并同时吹氧脱硅助熔，加入石灰和白云石造渣脱磷。炉内钢水质量、化学成分和温度满足工艺卡的要求时，将不锈钢母液倒入中间钢包，完成不锈钢母液的冶炼。

(2) AOD 氩氧炉精炼。将中间钢包的不锈钢母液兑入 AOD 氩氧精炼炉进行吹炼，不同的吹炼阶段按工艺卡的要求使用不同的氩 (氮) 氧比例配气脱碳，吹炼期间通过高位料仓向 AOD 炉内加入部分合金和造渣辅料，吹炼结束后，还原流渣，待化学成分达到工艺卡要求时，将钢水倒入浇铸钢包，完成不锈钢水的粗炼。

(3) LF 钢包炉精炼。AOD 炉出钢后，用 200t 起重机将浇铸钢包吊运到 LF 钢包炉精炼工位，在 LF 钢包精炼工位按工艺卡的要求进行化学成分和温度微调，喂丝和弱吹处理后，钢水中夹杂物的形态得到改善，钢水的纯净度得到提高，钢水等待连铸。

(4) 钢水浇铸。合格的钢水到达连铸机钢包回转台，经中间包、结晶器、二冷段和火焰切割后，生产出合格断面的连铸坯。

(5) 板坯修磨机。连铸生产的板坯经过检验后，对头尾坯和有缺陷的板坯进行修磨，板坯表面的主要缺陷有裂纹、夹渣、划痕和氧化皮等。

5.3.2 全铁水转炉不锈钢冶炼流程

全铁水不锈钢冶炼工艺流程的主要特点是以铁水为主要原料，配加合金直接生产各种牌号不锈钢的冶炼工艺。全铁水转炉不锈钢生产流程采用"转炉铁水三脱+转炉初脱碳+真空精炼脱碳"的三步法冶炼不锈钢。

"三脱"转炉采用顶吹弱供氧和底吹强搅拌工艺，冶炼周期短，半钢磷含量低。初脱碳转炉采用顶吹纯氧和氧氮/氩混合气体 (图 5-6)，底吹惰性气体工艺实现快速脱碳、升温和保铬的目的 (图 5-7)[31]。采用焦炭进行热补偿，在高碳区顶吹大流量供氧快速脱碳升温，在低碳区逐步减少顶吹供氧强度和增加顶吹混入惰性气体比例，底吹惰性气体增加炉龄。真空精炼脱碳炉与初脱碳转炉匹配，可优化脱碳条件，扩大不锈钢品种范围，尤其是超低碳、氮铁素体不锈钢。

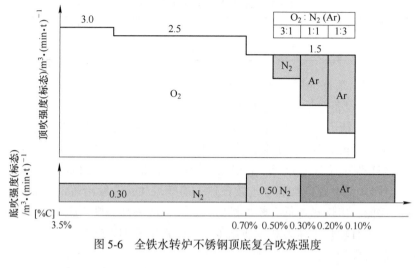

图 5-6　全铁水转炉不锈钢顶底复合吹炼强度

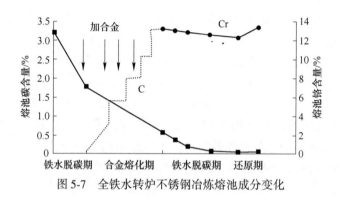

图 5-7　全铁水转炉不锈钢冶炼熔池成分变化

据不完全统计,转炉用全铁水冶炼不锈钢的生产厂家列于表 5-3[32]。

表 5-3　转炉用全铁水冶炼不锈钢的生产厂家

工艺	厂家	转炉形式	工艺设备	设计年产量/万吨	投产时间
全铁水加高碳铬铁	太钢第二炼钢厂	K-OBM-S	1×90t K-OBM-S +1×90t LF+1×90t VOD	—	1970
	新日铁八幡	LD-OB	1×145t LD-OB+1×150t VOD	29	1968
	新日铁室兰	LD-CB	1×120t LD-CB+RH-OB	—	1972
	台湾中钢	CSCB	1×150t CSCB+2×150t VOD	13	1994
全铁水加铬矿砂	川崎千叶1 号炼钢厂	K-BOP （K-OBM）	1×85t（BOP）+1×85t（BOP2） +RH-KTB（或 VOD）	35 （12）	1981 （1995）
	川崎千叶4 号炼钢厂	SR-KCB（KMS-S） DC-KCB（K-OBM-S）	1×185t SR-KCB+1×185t DC -KCB+1×185t VOD	70 （55）	1994
	日本钢管福山	SRF	1×20t SRF+RH	12	1996

5.3.2.1　太钢第二炼钢厂

太钢第二炼钢厂以铁水为主原料的三步法冶炼不锈钢新技术,而且是兼容冶炼普钢的生产能力。炼钢系统拥有 90t K-OBM-S 顶底复吹不锈钢转炉、90t LF 不锈钢精炼炉、90t

VOD 精炼炉、连铸机及配套装备[33]。

该工艺的基本路线为：铁水三脱预处理→K-OBM-S→VOD→LF→CC。该技术的特点是：100%采用三脱铁水作为母液，使用 K-OBM-S 顶底复吹不锈钢转炉，配合必要的合金冶炼不锈钢，解决了传统电炉工艺的 P 元素积累及 Cu、Pb、Sn、Sb、As 等有害残余元素较高的问题，特别适应于生产 w(C)≤0.01%的超低碳铁素体不锈钢。不锈钢主要有 300系（304、304HC、316）、400 系（430、409、410、436、CTSZB、444）等 50 多个品种。

5.3.2.2　新日铁八幡厂

转炉熔化合金全铁水不锈钢冶炼工艺流程如图 5-8 所示。其主要特点是在脱碳保铬炉内同时进行合金的熔化，工艺流程短、投资少，但不锈钢冶炼炉的负荷重、技术难度较大[34]。

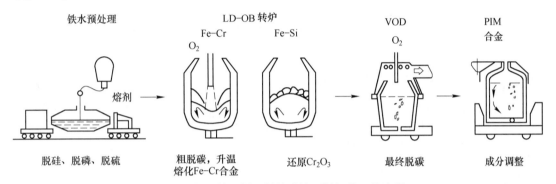

图 5-8　新日铁八幡厂转炉冶炼不锈钢的工艺流程

该厂用一个 145t 转炉进行生产，经过脱磷、脱硅、脱硫的铁水兑入 LD-OB 转炉，转炉冶炼不锈钢时大致分为三个阶段：第一阶段是铁水脱碳期，此阶段的主要功能是用氧气进行铁水脱碳反应及热补偿作业，因为经过脱磷、脱硅、脱硫后的铁水温度已降至 1200~1250℃，铁水中硅也只有 0.05%（质量分数）以下，所以需要以添加焦炭的方式来补偿热源不足；第二阶段为脱碳期，此阶段需从料仓连续添加大量的高碳铬铁及适量的高碳锰铁、镍粒等合金料，以氧气来继续进行脱碳反应，温度应控制在 1700℃以上，同时需通入较大流量的惰性气体进行底吹，增加钢水搅拌功能并降低 CO 分压，脱碳保铬；第三阶段为还原期，当碳脱至 0.2%~0.3%（质量分数）时，脱碳结束，此时渣中的氧化铬较高，需进行还原以回收金属铬，可通过添加硅铁或铝来进行。转炉冶炼结束后，钢水倒入VOD 炉进行最终脱碳，并在 PIM 站（喷粉冶金站）上进行成分调整，最后钢水在立式板坯连铸机上铸成板坯。图 5-9 所示为该工艺冶炼不锈钢时转炉内温度和钢水主要成分的变化[32]。

5.3.2.3　川崎制铁千叶厂第四炼钢厂

图 5-10 所示为川崎制铁千叶厂新的第四炼钢厂专业化转炉冶炼不锈钢的工艺流程[35]。该厂采用两座 185t 顶底复吹转炉，一座用于熔融还原 SP-KCB，另一座用于脱碳精炼 DC-KCB。这种工艺的最大优点是用铬矿砂取代高碳铬铁直接冶炼不锈钢，因而可以降低成本。

川崎制铁的转炉熔融还原工艺主要特点：采用 185t 顶底复吹转炉，炉底设有 8 个双层管封口，底吹氧气强度（标态）为 0.5~1.2m³/(t·min)；采用大容积转炉，容纳大量

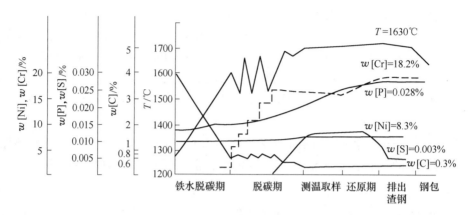

图 5-9　新日铁八幡厂转炉吹炼过程温度及钢水主要成分的变化

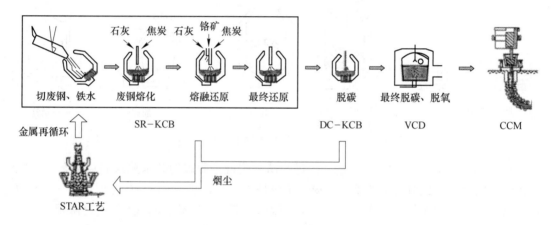

图 5-10　川崎制铁千叶厂第四炼钢厂转炉冶炼不锈钢工艺流程

炉渣，炉容比接近 2.0；采用大流量供氧（950m³/min，标态），加快冶炼节奏；采用二次燃烧，减少碳的消耗；采用特制水冷喷粉枪，喷吹铬矿砂（南非铬矿砂，38～500μm）；生产出的为碳饱和的半钢液，含 9%～13% 的铬。图 5-11 所示为该工艺流程冶炼不锈钢时各个阶段钢水主要成分和温度的变化。

　　经铁水预处理的三脱铁水和废钢装入 SP-KCB 转炉，吹氧加热，同时加入石灰和焦炭平衡热量，待废钢完全熔化后，温度达到 1540～1560℃时从顶部连续喷入铬矿砂，并继续加入焦炭和石灰进行熔融还原，此时为了进行脱硫和炉渣的再利用，炉渣的碱度控制在2.3～3.0，当钢水温度达到 1540～1580℃时，$w[Cr]=9\%～13\%$、$w[S]<0.010\%$ 时即可出钢。钢水倒入 DC-KCB 转炉进一步脱碳精炼，开始时钢水中碳含量较高，需要加大氧气流量进行高速脱碳，当碳降至低碳区时实施顶吹氮气并加大底吹惰性气体流量，以提高脱碳效率并防止铬的氧化损失，当碳降至 0.1%～0.2%（质量分数）时即可出钢。钢水倒入VOD 炉进一步精炼，在倒入 VOD 炉时转炉要实施挡渣出钢，以减少 VOD 炉中的渣量，提高 VOD 炉脱碳时氧的利用率，当碳降至成品要求，调整成分后即可出钢。最后通过 4号高速板坯连铸机铸成板坯。

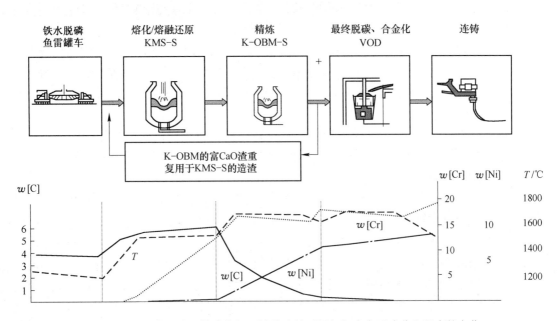

图 5-11 川崎制铁千叶厂第四炼钢厂转炉冶炼不锈钢钢水主要成分和温度的变化

5.3.3 铁水+废钢不锈钢生产流程

铁水+废钢不锈钢生产流程的主要优点是对不锈钢原料供应具有较大的灵活性，可根据市场镍价和不锈钢返回料价格的波动及供应情况调整铁水和不锈钢返回料的比例。其主要特点是同时配备转炉和电炉进行不锈钢冶炼，采用转炉进行铁水脱磷处理，采用电炉熔化合金和返回料；缺点是工艺流程长、投资大、生产成本较高。目前我国太钢不锈钢新区、宝钢不锈钢分厂均采用该工艺流程，其特点是利用转炉进行铁水"三脱"，脱磷后半钢碳含量高，兑入电炉内熔化合金，铬收得率较高。

5.3.3.1 太钢不锈钢新区

太钢不锈钢新区不锈钢系统改造又建成 160t 电炉、180t 脱磷转炉、180t AOD 炉、180t LF 炉，以及 2150 直弧型连铸机。为解决不锈钢磷含量问题，采用一座 180t 转炉将高炉铁水冶炼成碳低、磷低的钢水后，再分别兑入两座 160t 超高功率电弧炉熔炼不锈钢预熔液，不锈钢和普钢生产可互相置换[36]。该工艺生产效率高，产量大；原料适应性强；可灵活调整普照钢和不锈钢的生产比例。

（1）Conarc 炼钢炉。采用两个炉壳交替冶炼，共用一套送电系统和一套顶吹氧枪装置，导电横臂和顶吹氧枪装置可自由旋转，供两个炉体使用，可根据冶炼过程需求随时选择送电或吹氧，实现吹氧与送电无等待切换。Conarc 炉双炉壳吹氧、送电冶炼，为钢水冶炼提供合理方法，即可实现转炉吹氧及电炉送电双功能，增加了对炉料的适应性。

（2）180t AOD 炉。由奥钢联设计，炉体倾动和氧枪系统具有事故状态时的气动操作功能，炉壳具有快速更换功能，方便离线砌筑。

（3）180t VOD 炉。奥钢联设计，双工位布置，全液压驱动设备，安装有自动测温、自动取样装置，可以实现在线测温、取样工作；废气自动检测燃烧系统可以对废气中的一氧化碳自动点火，防止人员中毒和污染环境；完善的二级自动化冶炼系统、质谱仪检测系统、在线电视系统，实现了冶炼高度自动化。

（4）180t LF 炉。安装有奥钢联设计制造的横截面菱形电极立柱、镀铜钢结构导电横臂，是世界能源利用最高、成本最为低廉的国际专利技术；短网为平面布置，能更好地实现供电平衡；炉盖安装测温取样枪，可快速完成测温取样；通过喷粉、喷枪系统实现钢包炉脱硫、脱磷功能。

（5）2150mm 连铸机。引进奥钢联整套设计，直弧型连铸机，采用先进的动态轻压下，多点密排辊矫直技术，每台设备配置结晶器专家系统、漏钢预报系统、液位控制系统、振动系统 DynaFlex、在线热调宽系统 DynaWidth、动态配水系统、辊缝动态轻压下系统 ASTC、先进的质量控制系统 VAIQ 等，可生产 180mm 及 200mm 厚的不锈钢板坯，以及最大 280mm 厚的碳钢板坯。其中 4 号连铸机最大年生产能力达 360 万吨。

5.3.3.2　宝钢不锈钢

宝钢股份不锈钢分公司不锈钢工程建于 2001 年 8 月，分两期建设，同时与碳钢炼钢工程联合建设，冶炼设施和板坯连铸机布置在一个主厂房内。不锈钢年产钢水 150 万吨，于 2005 年全部建成投产。产品涉及 AISI304、304L、316、316L、420、430、409、409L 等。

该不锈钢冶炼工艺建于全流程的钢铁联合企业，为降低原料成本和钢水有害元素的含量，采用高炉铁水冶炼不锈钢，形成具有宝钢特色的不锈钢冶炼工艺路线[37]，如图 5-12 所示。其核心冶炼设备的配置为 2 座铁水罐脱磷站、2 座 120t ACEAF、2 座 135t AOD-L、1 座 120t SS-VOD/LTS。

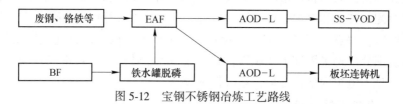

图 5-12　宝钢不锈钢冶炼工艺路线

（1）铁水脱磷工艺的选择。对冶炼不锈钢而言，单一钢种、准恒定铁水比、快节奏冶炼工艺适合选配转炉脱磷工艺；多钢种、铁水比波动大，则宜采用铁水罐脱磷工艺。选定铁水罐脱磷工艺，为电炉提供液态炉料。根据冶炼不锈钢钢种的配料计算，铁水量可多可少，实现了铁水和电炉之间的柔性连接。

（2）不锈钢冶炼工艺的选择。不锈钢三步法冶炼是指电炉→AOD（或其他炉型转炉）→VOD。两步法是指电炉→AOD（或其他炉型转炉）或电炉→VOD。是否选择三步法工艺关键取决于所冶炼的不锈钢钢种，如冶炼低碳、超低碳不锈钢，从综合指标和连铸匹配节奏考虑，应选择三步法工艺。该工艺流程设置了电炉、AOD-L 和 SS-VOD，根据冶炼钢种和原料现状，该配置具有非常灵活的工艺路线选择。

该不锈钢冶炼工艺有以下特点：

（1）由于不锈钢冶炼生产线设置了铁水脱磷站、电炉、氩氧脱碳炉和双工位 VOD，对炉料的适应范围广，既可以在现有原料条件下使用液态原料，也可以在不锈钢废钢市场较好的情况下，增加电炉炉料中不锈钢废钢的使用比例；由于炉料成本占不锈钢生产成本的 70%~80%，本工艺配置可根据原料市场的价格波动，优化炉料配比，降低炉料成本，从而降低不锈钢生产成本。

（2）不锈钢钢液的脱磷一直是不锈钢冶炼的难题，只有在配料时将磷控制在目标值以下，才能确保不锈钢钢水的最终质量。因此，传统电炉工艺为保证钢水最终磷含量，不得不在电炉配料中使用低磷炉料如低磷废钢或低磷生铁。本工艺由于采用了脱磷铁水，可以很好地控制不锈钢钢水中的磷含量，不必寻求昂贵的低磷炉料，具有较高的经济效益。

（3）工艺流程组织灵活，既可采用三步法冶炼不锈钢，也可采用两步法工艺或不经电炉工艺冶炼不锈钢，保证了不锈钢冶炼生产线的可靠性，同时可根据原料条件和生产钢种以最低原料成本组合工艺流程。

（4）液态炉料的使用减少了固态铬铁熔化所需的能耗，在起始碳含量较高的情况下，可采用三步法工艺，由氩氧脱碳炉和 VOD 共同完成脱碳任务，节约传统氩氧脱碳炉氩气消耗；同时氩氧脱碳炉带有顶吹氧枪，可提高供氧强度，加快高碳区域的脱碳速率，缩短冶炼周期，与连铸生产容易匹配。

（5）双工位强搅拌型 VOD 具有较强的脱氮能力，三步法时，可以尽可能降低氩氧脱碳炉的氩气消耗量，钢水纯净度高，内在质量好；自投产以来，已自主开发了超低碳、超低氮不锈钢等钢种，为拓展市场赢得了广阔的空间。

5.3.3.3 泰山不锈钢

泰山不锈钢采用转炉脱磷铁水，GOR 炉代替 AOD 炉，较好地解决了铁水脱磷与 GOR 冶炼热平衡问题，保证了钢水质量，冶炼成本大幅降低。

其工艺路线为：高炉铁水→脱磷转炉→GOR→LF 炉→连铸→缓冷→修磨→轧制。

以冶炼 06Cr13 低碳不锈钢为例介绍其冶炼工艺流程[38]：

（1）电炉所用铁水，经脱磷转炉脱磷，磷含量小于 0.015%，碳和硫可适当放宽，硫含量控制在 0.030%为宜，脱磷转炉出钢温度为 1580~1640℃。

（2）配加高碳铬铁、镍铁，脱磷铁水兑入电炉，冶炼过程中避免过度用氧，防止铬回收率降低，电极穿井后采用大功率化钢，开启氧燃喷枪，缩短冶炼周期。

（3）半钢碳含量控制在 2.0%左右，温度不低于 1640℃，半钢熔清，进入还原期，加入碳化硅铁粉和电石等还原渣中的铬，还原时间不小于 10min，电炉槽式钢渣混出，加强搅拌，提高铬回收率，铬回收率控制在 92%以上，冶炼周期不大于 70min。

（4）电炉出钢后，钢包进入扒渣位进行扒渣，渣层小于 50kg/t。

（5）GOR 精炼分为三个阶段——两个氧化阶段和一个还原阶段。第一阶段底吹气体主要是氧气和保护底吹喷嘴的天然气，停吹倾炉时供氮气，进入下一阶段时钢中碳含量为 0.15%~0.25%、温度 1700~1760℃；第二阶段，碳小于 1.5%时，置换氩气 4~10m³/min，第二阶段结束时，炉渣碱度为 2.8~4.0，碳降至 0.03%左右；第三阶段进行还原操作，还原阶段吹氩气，吹氩搅拌情况下加入硅铁，可使大量铬自渣中还原，使铬回收率不小于 98%。

吹炼过程自动化控制，精确调整吹炼气体流量，保证成分温度精确控制；精炼造白渣，软吹时间大于 8min，氧化量控制在 0.001%。

5.3.3.4 巴西阿谢西塔厂

巴西阿谢西塔厂转炉用部分铁水冶炼不锈钢[32]，其冶炼流程如图 5-13 所示。该工艺采用 50%左右的铁水，另外 50%炉料则由电炉供应。经铁水预处理脱磷、脱硫后的铁水成分（质量分数）：C 3.8%、Si 0.20%、P 0.010%、S 0.04%，温度 1260℃。电炉熔化废钢，同时装入由一台变压器功率为 1.75MV·A、日产能力 110t 的矿热炉供应的铬铁水。铬铁水和电炉钢水在钢包内混合兑入 MRP-L 转炉吹炼，此时，钢水成分（质量分数）：C 3.80%、Si 0.20%、Mn 0.50%、P 0.022%、Cr 17.95%、Ni 1.94%，温度 1300~1400℃。当转炉吹炼至碳含量为 0.20%~0.25%、温度 1600~1650℃时即可出钢，兑入 VOD 炉继续精炼至合格成分。部分铁水工艺最大特点是废钢和合金在电炉内熔化，转炉吹炼时无需加入焦炭补偿热量，冶炼品种范围也很广，以 18-8 型奥氏体不锈钢为主。

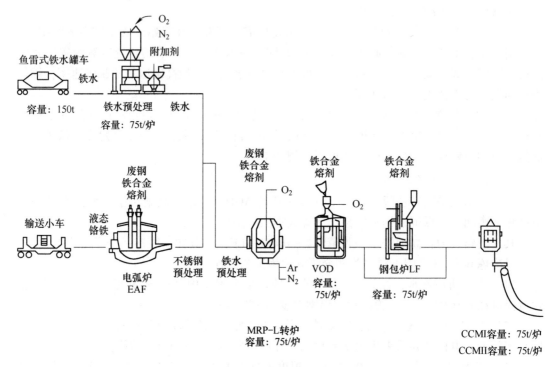

图 5-13　巴西阿谢西塔钢厂炼钢工艺流程

参 考 文 献

[1] 钟倩霞，严圣祥. 我国不锈钢管市场需求及国内外不锈钢管生产技术发展趋势 [J]. 钢管，2002，31 (5)：1~8.

[2] 岑永权，张国富. 不锈钢冶炼技术的发展 [J]. 上海金属，1999 (3)：11~16.

[3] 黄元恒. 近年来国外不锈钢发展状况 [J]. 上海钢研，1999 (1)：37~48.

[4] 张艳. 浅谈国内不锈钢的发展趋势 [J]. 资治文摘，2015 (11)：79.

[5] 陆世英，张廷凯，康喜范，等. 不锈钢 [M]. 北京：原子能出版社，1995.

[6] 张少棠. 钢铁材料手册第 5 卷·不锈钢 [M]. 北京：中国标准出版社，2001.

[7] 中国特钢企业协会不锈钢分会. 不锈钢实用手册 [M]. 北京：中国科学技术出版社，2003.

[8] 姜越，尹钟大，朱景川，等. 马氏体时效不锈钢的发展现状 [J]. 特殊钢，2003，24 (3)：1~5.

[9]　康喜范. 铁素体不锈钢 [M]. 北京：冶金工业出版社，2012.

[10]　佚名. 奥氏体不锈钢 [J]. 金川科技，2008 (4)：39.

[11]　罗宏，龚敏. 奥氏体不锈钢的晶间腐蚀 [J]. 腐蚀科学与防护技术，2006，18 (5)：357~360.

[12]　高娃，罗建民，杨建君. 双相不锈钢的研究进展及其应用 [J]. 兵器材料科学与工程，2005，28 (3)：61~64.

[13]　孙长庆. 双相不锈钢的发展，性能与应用 (三) [J]. 化工设备与管道，1999，36 (1)：41~53.

[14]　吴玖. 国内外双相不锈钢的发展 [J]. 石油化工腐蚀与防护，1996 (1)：6~8.

[15]　徐增华. 金属耐蚀材料——第八讲沉淀硬化不锈钢 [J]. 腐蚀与防护，2001 (8)：367~370.

[16]　解群，翟祥华，葛红花. 氯离子和硫离子对不锈钢侵蚀性比较 [J]. 华东电力，2003，31 (12)：1~3.

[17]　郑津洋，李雅娴，徐平，等. 应变强化用奥氏体不锈钢力学性能影响因素 [J]. 解放军理工大学学报 (自然科学版)，2011，12 (5)：512~519.

[18]　刘玉琳. 典型不锈钢材料加工性能探索 [C]//上海市科学技术协会学术年会暨上海市航空学会2012年学术年会，2012.

[19]　汪国梁. 不锈钢切削加工性能的研究 [J]. 装备机械，1982 (4)：41~45，65.

[20]　徐匡迪. 不锈钢精炼 [M]. 上海：上海科学技术出版社，1985.

[21]　蔡怀德. 不锈钢精炼的热力学和动力学 [J]. 四川冶金，1995 (3)：19~25.

[22]　吴佳新. 不锈钢高铬熔池中脱碳保铬的实践 [J]. 铸造，1986 (11)：26~29.

[23]　卫星. 降低不锈钢生产成本的途径 [J]. 上海金属，2006 (5)：44.

[24]　刘福春，石玉敏，韩恩厚. 不锈钢表面处理方法的进展 [J]. 沈阳工业大学学报，2001，23 (1)：7~11.

[25]　韩全军，成国光. 0Cr18Ni9 不锈钢的冶炼工艺研究 [J]. 宽厚板，2006，12 (2)：8~11.

[26]　郝祥寿. 不锈钢冶炼工艺设备和工艺路线的选择 [J]. 安徽冶金，2005 (1)：16~20.

[27]　王雷. 不锈钢精炼工艺 GOR [J]. 上海宝钢工程设计，2004 (3)：10~12.

[28]　陈少慧. 浦项不锈钢工程特点与分析 [J]. 现代冶金，1999 (3)：21~25.

[29]　钱国余，李六一，成国光，等. GOR 冶炼不锈钢深脱硫工艺 [J]. 钢铁，2016，51 (3)：39~43.

[30]　崔宇文，马登德，严良峰. 东方特钢不锈钢炼钢生产线简介 [J]. 浙江冶金，2013 (1)：22~25.

[31]　刘浏. 不锈钢冶炼工艺与生产技术 [J]. 河南冶金，2010，18 (6)：1~5.

[32]　林企曾，李成. 转炉用铁水冶炼不锈钢的技术进展 [J]. 炼钢，2000，16 (5)：3~18.

[33]　王一德. 太钢不锈钢的现状与发展 [J]. 中国有色金属学报，2004，14 (s1)：72~81.

[34]　刘杰. 冶炼不锈钢的 K-OBM-S 转炉工艺 [J]. 太钢译文，1997 (3)：7~9.

[35]　吴建英. 介绍川崎公司千叶厂不锈钢的冶炼和连铸 [J]. 不锈，2004 (1)：23~24.

[36]　谷宇，刘亮. 太钢不锈钢高效低成本生产技术 [J]. 炼钢，2014，30 (4)：75~78.

[37]　蒋为民. 宝钢不锈钢炼钢工程工艺创新实践 [J]. 宝钢技术，2009 (6)：43~46.

[38]　徐光富，赵刚，亓传军，等. GOR 炉一步法冶炼 06Cr13 不锈钢工艺实践 [J]. 四川冶金，2015，37 (5)：21~24.

6　管　线　钢

6.1　管线钢及其性能

6.1.1　管线钢发展概述

输送油气的大口径钢管，19 世纪末首先在美国发展起来。1928 年美国石油学会（American Petroleum Institute）制定了 API SPEC 5L 焊管标准，以后每年 APISPEC 5L 标准经过一次修订，至今已形成钢级从 A、B、X42 至 X80 比较完善的焊管标准体系[1]。美国 1891 年建成第一条天然气长输管线（约 200km），1925 年建成第一条焊接钢管天然气管线。"X42"表示管线钢的屈服强度等级为 42KPsi（英制单位），对应公制单位为 290MPa。

20 世纪 60 年代以前，管线钢的强度是通过含 0.20% 碳的钢经热轧、正火而得到的。此时钢级主要为 X52、X56。1959 年低碳的高强度低合金钢（HSLA）首先应用在大运河管道工程，从而带动了热轧微合金化技术在高强度管线钢上的应用和发展[2]。

二次大战后，油气输送管线发展迅猛，输气管道输送压力的不断提高，使得对管材的要求也不断提高。输送压力从 0.25MPa 上升到 20 世纪 90 年代的 10MPa，国外新建天然气管道的设计工作压力都在 10MPa 以上。管线钢的屈服强度则从 170MPa 提高到 500MPa以上。1967 年国际上第一条高压、高钢级（X65）跨国天然气管线（伊朗到阿塞拜疆）建成；20 世纪 70 年代初期，北美开始将 X70 级管线钢用于天然气管线；1985 年，德国铺设了第一条 3.2km 长的 X80 试验段；2002 年 9 月，Transcanada 公司成功地将 NKK 提供的 14.3mm 厚的 X100 钢管用于 WESTPATH 项目 Saratoga 试验段中，并取得了一系列研究成果。X100 钢级也被首次列入 2002 年新版的加拿大管道标准 CSAZ245.1—2002 中。

2004 年 2 月，加拿大在 Pearless Lake 项目中成功建成一条 2km 长的 ϕ914mm 的 X100 和 1.6km 长的 ϕ914mm 的 X120 试验段，该试验段的建成是世界上 X120 管线钢在工程中的首次应用。

同时，自 2000 年开始玻璃纤维/钢复合管也被应用于高压天然气输送管线中。目前，国外天然气高压输送采用高钢级钢管呈强劲的发展趋势。

输气管道输送压力的不断提高，使得输送钢管迅速向高钢级发展。国际上，X70 钢管已使用多年，X80 钢管在德国、加拿大、日本等国已具备规模生产的能力，并已应用到多条管线中。加拿大 Welland 公司 1995 年至 1999 年 7 月销售的供天然气输送的 SSAW 和 UOE 焊管，全部为 X70 与 X80。

工业发达国家普遍把 X80 列为 21 世纪初天然气管道的首选钢级[3]。德国、日本、加拿大已研制成功 X100 管线钢，正在研制 X120 钢级。一些著名的石油公司和管道公司计划在 21 世纪初进行 X100 钢级管道的工业性试验、甚至越过 X100 直接进行 X120 钢级的工业性试验[4]。由此可见，高钢级管线钢的开发与应用在国外已非常普遍。

图 6-1 所示为在过去的几十年中，管线钢钢级伴随着合金成分设计、工艺路线、显微组织变化的发展过程。20 世纪 60~70 年代，管线钢的钢级主要为 X52-X60，其化学成分为 0.20%C 加一定量的合金元素钒（或铌），通过传统热轧和正火后钒的析出强化来获得所需的强度。这时钢的组织为铁素体加珠光体型。

20 世纪 70~80 年代随着控轧工艺（TM）在生产中的应用，X65、X70 钢发展了起来。钢中碳含量大大降低，同时降低钒的含

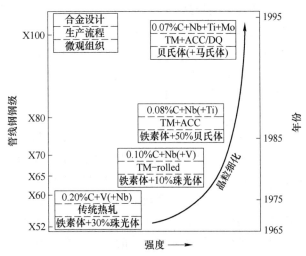

图 6-1 高强度管线钢的发展史

量，提高铌的含量，通过铌对热轧时奥氏体再结晶行为的影响来细化晶粒，提高钢的强度。由于碳含量的降低，大大减少了珠光体的比例，钢的韧性也得到了很大提高。这时钢的成分为 0.10%C+Nb（V），组织为铁素体加少量珠光体。

到了 20 世纪 80 年代后期，随着热轧工艺和设备的不断改进和发展，在控轧（TM）后进行强制加速冷却技术（ACC）在生产中得到了应用。管线钢的碳含量进一步降低，强度却在提高。冷却速率的提高和冷却停止温度的降低使得终轧后的组织发生了根本改变，由铁素体+珠光体型变为先共析铁素体+贝氏体型（或针状铁素体型），组织也进一步细化。X80 管线钢就是在此技术上发展起来的。此时钢中碳含量约为 0.08%，并通过铌、钛复合进行微合金化，钛的加入能进一步改善高强度钢的焊接性[5]。

20 世纪 90 年代，X100 管线钢也在德国、加拿大等国家研制出来，其成分为 0.07%C+Nb+Ti+Mo，工艺为控轧（TM）+加速冷却（ACC）或控轧（TM）+直接淬火（DQ），后一种工艺得出的组织为马氏体。

6.1.2 管线钢性能要求

管线钢主要用于石油、天然气的输送。制造石油天然气集输和长输管或煤炭、建材浆体输送管等用的中厚板和带卷称为管线用钢（LPS）。石油钢的强度一般要求达到 600~700MPa；钢中 O、S、P、N、C 总含量不大于 0.0092%；钢中脆性 Al_2O_3 夹杂和条状 MnS 夹杂为痕迹状态[6]。

油气管网是连接资源区和市场区的最便捷、最安全的通道，它的快速建设不仅将缓解铁路运输的压力，而且有利于保障油气市场的安全供给，有利于提高能源安全保障程度和能力。目前"西气东输"项目已经建成，今后还将建设的主要管线有陕京二期、中俄自然气管线（东线、西线）以及中亚或俄罗斯至上海天然气管线，最终与"西气东输"管线形成"两横、两纵"的天然气干线。

近几年来，我国石油天然气管道工程发展迅速，带动了管线用钢产量的大幅提高。20

世纪 90 年代中期，我国管线钢年总产量仅为 30 万吨，到 2009 年已提高到 700 万吨。与此同时，从管线钢的品质特性来讲，我国也已从 20 世纪 80~90 年代初期的铁素体-珠光体微合金管线钢发展到目前的针状铁素体管线钢，完成了第一代产品到第二代产品的转变。随着 X80 强度级别管线钢的批量生产以及 X100、X120 级别管线钢的试制成功，我国已具备了 X52、X56、X60、X65、X70、X80、X100、X120 等级别管线钢的生产能力。目前世界范围内已建成了多条 X100 试验段，随着研究开发的进一步深入，有望在未来的天然气管道项目中得到应用。

2009~2015 年，国家规划新建干线管道长度 2.4×10^4 km，管道总里程达到 4.8×10^4 km，比 2008 年翻一番。为满足工程需求，在未来的 10~15 年内，中国需要约 1000 万吨的高性能管线钢，其中 70% 用于天然气管线。

管线钢可分为高寒、高硫地区和海底铺设三类。由于石油、天然气资源通常位于边远和环境恶劣的地区，输送管线输送压力较大、介质复杂且有腐蚀性，并且管线的拼装环焊一般在野外进行，从油气输送管的发展趋势、管线服役条件、主要失效形式和失效原因综合评价看，不仅要求管线钢有良好的力学性能，还应具有耐负温性、耐腐蚀性、抗海水和抗 HIC（氢致裂纹）、SSCC（硫化物应力腐蚀断裂）性能等。这些工作环境恶劣的管线，线路长，又不易维护，对质量要求都很严格。管线钢的性能要求如下：

（1）高强度。提高工作压力和加大输送管道直径是提高管道运输效率的有效措施，也是油气输送管道发展的基本方向。管径的增大和输送压力的提高都要求管线钢有高的强度水平，因此高强度是管线钢最基本的性能要求之一。管线钢的强度指标主要有抗拉强度和屈服强度。随管线钢的成分和处理状态的不同，强度的变化很大。一般来讲，钢的屈服强度增加会导致塑性变差，这给输送高压介质并要求性能良好的高强度管线钢的生产带来了困难，对管线钢的屈强比（屈服强度与抗拉强度之比）也提出了限制，一般要求管线钢的屈强比在 0.85~0.93 的范围内，抗大变形管线钢要求屈强比小于 0.85[7]。屈强比越高，说明管线钢的应变硬化能力越低，而高的应变硬化能力对于在土质不稳定区、不连续区、地震带以及深海等特殊地质区域铺设的管线钢是非常重要的。

为了提高输送效率，对大型油、气田的输送和管线设计而言，倾向于提高工作压力和输送管径，因此，对管线钢的强度要求越来越高。目前，管线钢的强度已由最初的 $\sigma_s \geqslant$ 289MPa（X42），提高到 $\sigma_s \geqslant$ 482MPa（X70）、$\sigma_s \geqslant$ 551MPa（X80），而 X100、X120 也在开发之中。管线钢的强度包括拉伸强度（σ_b）和屈服强度（σ_s）。强度随材料成分的不同变化很大，而处理状态不同，强度变化也很大。一般来讲，钢的屈服强度增加其塑性、夏比冲击功等将减少，这给输送高压介质并要求韧性、HIC 等性能良好的高强钢生产带来了矛盾，因此，促使人们通过固溶强化、晶粒细化等强化手段来使管线钢达到要求的性能。

（2）高韧性。管线输送过程中，油气对管线的内壁产生很大的压力，使管线钢承受一定的径向压力，这种径向压力产生的周向拉应力是管道发生爆裂的主要原因，同时由于昼夜温差和季节温差引起的土壤变化对管线钢的外壁产生一定的压力，为了保证管道输送的安全性，需要管线钢具有一定的韧性，高的韧性可以防止断裂起始和阻止断裂扩展。为保障管线的安全运行，在提高管线钢强度的同时，必须相应地提高其韧性。为预防管线脆性断裂，一般要求管线钢的落锤撕裂实验（DWTT）得到的断裂剪切面积百分比和冲击实验（CVN）的冲击功在一定温度下达到一定的数值。

韧性是管线钢的重要性能之一，它包括冲击韧性、断裂韧性等。由于韧性的提高受到强度的制约，因此管线钢生产常常采用晶粒细化这种唯一既可提高强度又能提高韧性的强韧化手段。另外，夹杂物对管线钢的韧性具有严重的危害性，因此，降低钢中有害元素含量并进行夹杂物变性处理是提高韧性的有效手段。为预防管线脆性断裂，一般要求管子的落锤撕裂试验（drop weight tear test，DWTT）得到的断裂剪切百分比达到 50 或 80，可得到止裂的效果。而对于韧性材料，则要求管材的上平台能 CVN 达到某一数值可得到止裂，这就需要提高材料的韧性值[8]。这样，随着管径和环向应力的增加，对材料韧性提出的要求越来越高，表 6-1 列出国外重要工程管道的韧性指标（以 X65 为例）。

表 6-1 国外重要工程管道的韧性指标

工程名称	钢 级	CVN/J	DWTT/%SA
北海油田输气管线	X65	>80（-10℃）	>75（0℃）
澳大利亚输气管线	X65	>82（0℃）	>50（0℃）
阿拉斯加输气管线	X65	>92（-24℃）	>75（-24℃）
加拿大输气管线	X65	>92（CVN100）	>60（-20℃）
前苏联输气管线	X65	>92（-20℃）	>85（-20℃）

（3）良好的焊接性能。现阶段，管线钢的安装基本上已经摒弃了加橡皮圈铆接的方式，而采用快捷、高效的焊接工艺来实现，因此管线钢良好的焊接性成为其不可或缺的基本要求。它包括结合性能（即在焊接加工时金属形成完整的焊接接头的能力）和使用性能（即已经焊接成的接头在使用条件下的安全运行能力）。评估焊接性的指标主要是碳当量（carbon equivalent，C_{eq}）和裂纹敏感系数（material cracking parameter，P_{cm}）。美国 Amoco 公司针对一些管道焊缝断裂事故，提出了严格的管线钢焊接性控制指标：$C_{eq} <$ 0.35%（C>0.12%）；P_{cm} 级 20%（C<0.12%）。管线钢良好的可焊性对保证管道的整体性和野外焊接质量非常重要。国外管线钢的 C_{eq} 一般规定在 0.40%~0.48%，高寒地带管线钢 C_{eq} 在 0.43% 以下[9]。而随着碳含量的降低，对 C_{eq} 值的要求可以适当放宽。

钢的焊接性是指材料对焊接加工的适应性，即在一定的焊接条件下获得优质焊接接头的难易程度。它包括结合性能（即在焊接加工时金属形成完整的焊接接头的能力）和使用性能（即已焊接成的焊接接头在使用条件下安全运行的能力）。改善高强度钢焊接性的措施是多方面的。首先，钢的化学成分对高强度钢的焊接性有直接的重大影响，提高焊接性能的有效措施是降低 C、P、S 含量和选择适当的合金元素。其次，适当控制 Ti、Al 等的氮化物和 Ti 的氧化物对降低淬硬性和防止冷裂纹及提高韧性也有好处，加 Ca、RE 等对防止冷裂纹和层状撕裂及提高韧性也有效果。

从钢的焊接性来看，碳含量增加，对焊缝的热裂敏感性、焊接热影响区的裂纹倾向性均有不利影响。但碳含量降低，钢的强度下降，为了提高钢的强度而又不影响其焊接性，用于 1959 年建造的 CreatLakes 输气管线采用了低碳微合金化钢，它与同级别 C-Mn 钢相比，其碳含量低、强度高，不仅满足强度要求又不恶化焊接性，同时这也标志着微合金钢研究的开始。经过 40 余年的发展，微合金钢中碳含量的减少最为明显，从 APLX42 的 0.26% 降到 X80 的 0.02%~0.07%。酸性服役条件下的管线钢也趋向于采用较低的碳含量，以减少此类钢中的中间偏析。

（4）抗氢致裂纹（HIC）和应力腐蚀断裂（SCC）。在输送富含 H_2S 气体的管线内易发生电化学反应而从阴极析出氢原子，氢原子在 H_2S 的催化下进入钢中导致管线钢出现两种类型的开裂，即氢致裂纹（HIC）和硫化物应力腐蚀开裂（SSCC）。

氢致裂纹（HIC）是因腐蚀生成的氢原子进入钢后，富集在 MnS/α-Fe 的界面上，并沿着碳、锰和磷偏析的异常组织扩展或沿着带状珠光体和铁素体间的相界扩展，而当氢原子一旦结合成氢分子，其产生的氢压可达 300MPa 左右，于是在钢中产生平行于轧制面、沿轧制向的裂纹。由于 HIC 的形成不需要外加应力，它生成的驱动力是靠进入钢中的氢产生的氢气压，因此把由氢气压导致的裂纹称为氢致裂纹（hydrogen induced cracking）。

硫化物应力腐蚀断裂（sulfide stress corrosion cracking）是在 H_2S 和 CO_2 腐蚀介质、土壤和地下水中碳酸、硝酸、氯、硫酸离子等作用下腐蚀生成的氢原子经钢表面进入钢内后，向具有较高三向拉伸应力状态的区域富集，促使钢材脆化并沿垂直于拉伸力方向扩展而开裂。应力腐蚀断裂事先没有明显征兆，易造成突发性灾难事故。

应力腐蚀断裂主要发生在旧管线中，由于保护涂层老化等原因出现局部损伤，并且钢管外壁还与土壤和地下水中的硝酸根离子（NO^{3-}）、氢氧根离子（OH^-）、碳酸根离子（CO_3^{2-}）和碳酸氢根离子（HCO_3^-）等介质接触，极易发生应力腐蚀断裂，并且大部分的开裂都与碳酸盐和碳酸氢盐有关，其余开裂发生在低 pH 值的环境中，SCC 扩展速度随温度的升高而加快。采用喷丸处理表面可大大改善 SCC 抗力。此外，采用涂层也是一种防止应力腐蚀断裂的办法。

由于 SSCC 和 HIC 具有极大的危害性，一旦发生往往导致灾难性后果，国外对管线钢的抗 SSCC 和 HIC 进行了深入的研究[10]，就产生 HIC 的三个条件即氢侵入、氢致裂纹产生、氢致裂纹扩展应采取的防止措施见表 6-2。

表 6-2　氢致裂纹的防止措施

因素	防　止　措　施
氢侵入	添加 Cu、Ni、Cr、W 防止氢侵入并稳定腐蚀产物： $w(Cu) = 0.20\% \sim 30\%$　　　pH = 5 $w(Cr) = 0.5\% \sim 0.6\%$　　　pH = 4.5 $w(Ni) \approx 0.2\%$　　　pH = 3.8
氢致裂纹产生	降低钢中 [S]、[O]，减少夹杂物数量和大小： $w[S] < (10 \sim 30) \times 10^{-6}$, $w[O] < (30 \sim 40) \times 10^{-6}$, $w[Ca] = (15 \sim 35) \times 10^{-6}$； 添加 Ca、RE、Ti，控制夹杂物形态
氢致裂纹扩展	防止偏析： 采用较低的 C、P 含量； 电磁搅拌； 轻压下； 低的焊接区硬度； 减少局部硬化岛状马氏体带状组织

这其中的难点和重点是高韧性。随着石油、天然气输送的不断发展，对石油管线钢性能的要求不断提高，尤其是对韧性要求的提高。这些性能的提高就要求把钢材中杂质元素 C、S、P、O、N、H 含量降到很低的水平。高强度、高韧性是通过控冷技术得到贝氏体

铁素体组织来保证的，同时应降低钢中碳含量和尽可能去除钢中的非金属夹杂物，提高钢的纯净度。其中要求 $w[C] \leq 0.09\%$、$w[S] < 0.005\%$、$w[P] < 0.01\%$、$w[O] \leq 0.002\%$；输送酸性介质时管线钢要抗氢脆，要求 $w[H] < 0.0002\%$；对于钢中的夹杂物，最大 D 小于 $100\mu m$，并要求控制氧化物形状，消除条形硫化物夹杂的影响。

总之，日益恶化的油气田环境对管线钢的性能要求越来越严格，而美国石油学会（API）制定的 API Spec 5L 标准只是个基础标准，只是提供管线工程选材的最低限度技术要求，从工程条件出发提出的订货要求则有许多附加的条件，加上国内外钢厂间的激烈竞争，如何严把质量关以提高管线钢性能非常重要。

6.1.3 管线钢牌号

GB/T 9711.1—1997、GB/T 9711.2—1999 规定管线钢表示方法，如 L245NB、L245MB，其中：

L——输送；

245——英制屈服强度，单位 N/mm²；

N——正火或正火轧制；

M——形变热处理。

而 GB/T 14164—2005 规定管线钢牌号表示方法由输送管线中"输"的首位拼音字母"S"及规定的最小屈服强度的数值组成，例如 S415，其中：

S——输送管线的"输"汉语拼音的首位字母；

415——最小规定屈服强度的数值，单位为 N/mm²。

而美国石油学会标准（API Spec 5L）中管线钢的牌号表示为"X+数值（42、52、60、65、70 等）"，我国标准与美国标准管线钢牌号对应见表 6-3。

表 6-3 我国标准与美国标准管线钢牌号对应

GB/T 14164—2005	GB/T 9711.1—1997、 GB/T 9711.2—1999	API Spec 5L
S245	L245、L245NB、L245MB	B
S290	L290、L290NB、L290MB	X42
S320	L320	X46
S360	L360、L360NB、L360MB	X52
S390	L390	X56
S415	L415、L415NB、L415MB	X60
S450	L450、L450MB	X65
S485	L485、L485MB	X70
S555	L555、L555MB	X80
—	—	X100

API Spec 5L 标准规定常用管线钢的力学性能和化学成分分别见表 6-4 和表 6-5。

表 6-4　API Spec 5L 标准规定常用管线钢的力学性能

标准	牌号	抗拉强度 /MPa	屈服强度 /MPa	屈强比	伸长率 /%	0℃冲击功 A_{kv}/J	热处理状态
API Spec 5L GB/T 9711. 2—1999	B	≥415	245~440	≤0.80	22	≥40	正火
	X42	≥415	290~440	≤0.80	21	≥40	正火
	X52	≥460	360~510	≤0.85	20	≥40	正火
	X60	≥520	415~565	≤0.85	18	≥40	正火
	X65	≥535	450~570	≤0.90	18	≥40	淬火+回火
	X70	≥570	485~605	≤0.90	18	≥40	淬火+回火

表 6-5　API Spec 5L 标准规定常用管线钢的化学成分　　　　　（%）

标准	牌号	化 学 成 分								CEV
		C	Si	Mn	P	S	V	Nb	Ti	
API Spec 5L GB/T 9711. 2 —1999	B	≤0.16	≤0.40	≤1.10	≤0.020	≤0.010	—	—	—	≤0.42
	X42	≤0.17	≤0.40	≤1.20	≤0.020	≤0.010	≤0.05	≤0.05	≤0.04	≤0.42
	X52	≤0.20	≤0.45	≤1.60	≤0.020	≤0.010	≤0.10	≤0.05	≤0.04	≤0.45
	X60	≤0.21	≤0.45	≤1.60	≤0.020	≤0.010	≤0.15	≤0.05	≤0.04	协议
	X65	≤0.16	≤0.45	≤1.60	≤0.020	≤0.010	≤0.06	≤0.05	≤0.06	≤0.45
	X70	≤0.16	≤0.45	≤1.70	≤0.020	≤0.010	≤0.06	≤0.05	≤0.06	≤0.45

6.2　关键控制技术及原理

6.2.1　碳的控制

碳是强化结构钢最有效的元素，然而碳对韧性、塑性、焊接性等有不利的影响，降低碳含量可以改善转变温度和钢的焊接性。对于微合金化钢，低的碳含量可以提高抗 HIC 的能力和热塑性[11]，如图 6-2 所示。碳在焊接结构钢中要严格进行控制，通常都以国际焊接学会规定的碳当量 $C_{eq} = C + Mn/6 + (Cr + Mo + V)/5 + (Ni + Cu)/15$ 或按照裂纹敏感指数 $P_{cm} = C + (Mn + Cr + Cu)/20 + Si/30 + V/10 + Mo/15 + Ni/60 + 5B$ 衡量钢种的焊接性能。由 C_{eq} 和 P_{cm} 等式可以看出：碳是影响焊接性能最敏感的元素，所以 20 多年

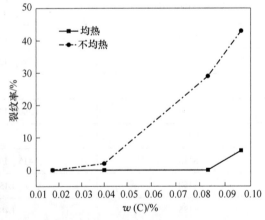

图 6-2　热轧钢板氢致裂纹敏感性与碳含量的关系

来管线钢逐步向着低碳或超低碳发展，但同时必须要考虑到由于碳含量的降低，有可能会导致钢的强度降低。目前管线钢的碳含量一般都低于 0.12%，最低可达 0.02%。过低的

碳含量也会给钢带来不利的影响,这是因为碳是以间隙元素存在于钢中,当碳含量低于
0.02%时晶界的结合强度极低,这不仅降低了母材的韧性同时使热影响区的晶界呈完全脆
化状态。

但从管线钢的综合力学性能方面考虑,降低碳含量仍然是一条根本途径,同时需采用
含金化或控轧控冷的措施来弥补由于碳含量降低导致的强度损失。

按照 API 标准规定,管线钢中的 $w[C]$ 通常为 0.025% ~ 0.12%,并趋向于向低碳方
向或超低碳方向发展,尤其是高钢级管线钢,如武钢三炼钢厂 X80 管线钢的 $w[C]$ 仅为
0.02% ~ 0.05%。在综合考虑管线钢抗 HIC 性能、野外可焊性和晶界脆化时,最佳 $w[C]$
应控制在 0.01% ~ 0.05% 之间。

采用炉外精炼是实现精确控制碳含量的有效手段。日本钢管京滨厂的 50t 高功率电炉
与 VAD 和 VOD 精炼炉相配。处理前 $w[C]$ 为 0.40% ~ 0.60%,处理后 $w[C]$ 可达 0.03% ~
0.05%。一些钢厂在 RH 上采用增大氩气流量、增大浸渍管直径和吹氧方式进行真空脱
碳,保证了管线钢精确控制碳含量的要求。

6.2.2 硫的控制

硫含量是管线钢要求最为苛刻的指标,对某些管线钢硫含量要求 0.005%、0.002% 甚
至 0.001%。由于管线钢要求有极强的抗氢致裂纹及应力腐蚀断裂的能力,而钢中线性硫
化物是导致产品易于断裂的裂纹源,同时硫会恶化钢的性能,其主要表现在:损害管线钢
的韧性;降低上平台韧性和提高韧脆转变温度;导致性能各向异性,在横向和厚度方向上
韧性严重恶化;增加热脆和焊接结晶裂纹的倾向性;导致氢致开裂 HIC;奥氏体转变可在
夹杂物上形核,因而导致相变温度的升高和软组织相的形成。

硫是影响管线钢抗 HIC 和 SSCC 能力的主要因素。法国 G. M. Pressouyre 等研究表明:
当钢中硫含量大于 0.005% 时,随着钢中硫含量的增加,HIC 的敏感性显著增加;当钢中
硫含量小于 0.002% 时,HIC 明显降低,甚至可以忽略,如图 6-3 所示。日本 YamadaK 等
认为:当 X42 等低强度管线钢中硫含量低于 0.002% 时,裂纹长度比接近于零。然而由于
硫易与锰结合生成 MnS 夹杂物,当 MnS 夹杂物变成粒状夹杂物时,随着钢强度的增加,
单纯降低硫含量不能防止 HIC。如 X65 级管线钢,当硫含量降到 20×10^{-6} 时,其裂纹长度
比仍高达 30% 以上。

硫还影响管线钢的低温冲击韧性,如图 6-4 所示。降低硫含量可显著提高冲击韧性。
管线钢中硫的控制通常是在炉外精炼时采用喷粉、加顶渣或使用钙处理技术完成的。采用
RH-PB 法可以将钢中硫含量控制在 $w[S] \le 10 \times 10^{-6}$,新日铁大分厂采用 RH-Injection 法喷
吹 $CaO\text{-}CaF_2$ 粉剂 4 ~ 5kg/t 后,钢中硫稳定在 5×10^{-6} 左右。君津制铁所单独采用 LF 精炼,
钢中硫含量最低降到 10×10^{-6},而采用 OKP(铁水预处理)—LD—OB(顶底复吹转
炉)—V-KIP—CC 生产极低硫管线钢时,在 V-KIP 中保持 $CaO/Al_2O_3 \ge 1.8$,吹入脱硫粉
剂 13kg/t($CaO = 65\%$、$Al_2O_3 = 30\%$、$SiO_2 = 5\%$),可以生产出 $w[S] \le 5 \times 10^{-6}$ 的管线钢。

脱硫主要在两个阶段进行,一是铁水预脱硫,其最好水平是把硫脱至 0.001%。铁水
预处理应注意:高炉铁水中的硫含量应尽可能的低,严格预处理后扒渣,防止回硫。二是
炉外精炼脱硫,铝镇静钢炉外脱硫也有达到 0.001% 以下的记录。炉外精炼脱硫应注意三
点:钢液及渣中氧含量要低;使用高碱性渣;钢包混合要均匀。炉外精炼脱硫的方式有:

出钢过程脱硫、钢包吹氧搅拌脱硫、RH 处理脱硫。脱硫剂主要以 $CaO + CaF_2$ 为主，E. T. R. Jones 还提出了镁基熔剂脱硫的概念。国内外一些厂家及研究者的脱硫工艺及水平见表 6-6。由表 6-6 可见，炉外精炼脱硫的最好水平可达到 0.0005% 左右。另外一些厂家 RH 钙处理也取得很好的效果。

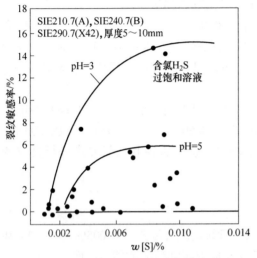

图 6-3　硫含量对裂纹敏感率的影响

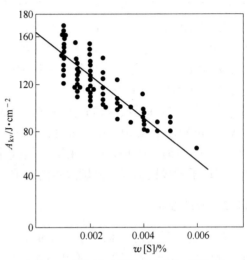

图 6-4　硫含量对低温冲击韧性的影响

表 6-6　国内外一些厂家及研究者的脱硫工艺及水平

厂家或研究者	脱硫工艺	脱硫剂	钢中的硫含量/ppm
D. V. B. Arradell	钢包吹氩	$CaO + CaF_2$	<30
E. T. R. Jones	钢包吹氩	镁基熔剂	<10
S. Gilbe	出钢过程脱硫	EXOSLAG	20
T. Emi	RH-PB	$CaO + CaF_2$	10
新日铁大分厂	RH-喷吹法	$CaO + CaF_2 + MgO$	5
新日铁名古屋厂	RH-PB	$CaO + CaF_2$	5
英国钢铁公司某厂	钢包钙处理	钙合金	<30
日本一些厂家	RH 钙处理	钙合金	<10
宝钢	铁水预脱硫	CaC_2	10

注：$1ppm = 10^{-6}$。

6.2.3　磷的控制

磷在钢中是一种易偏析元素，偏析区的淬硬性约是碳的 2 倍。由碳当量与 2 倍磷含量（$C_{eq} + 2P$）对管线钢硬度的影响可知：随着 $C_{eq} + 2P$ 的增加，碳质量分数为 0.12% ~ 0.22% 的管线钢的硬度呈线性增加；而碳质量分数为 0.02% ~ 0.03% 的管线钢，当 $C_{eq} + 2P$ 大于 0.6% 时，管线钢硬度的增加趋势明显减缓，如图 6-5 所示。除此之外磷还会恶化管线钢的焊接性能，显著降低钢的低温冲击韧性，提高钢的脆性转变温度，使钢管发生冷脆。对于高质量的管线钢应严格控制钢中的磷含量。

脱磷可以在炼钢的全过程中进行，如铁水预脱磷、转炉出钢深脱磷和炉外精炼，最近出现的在 H 型炉内进行铁水预处理脱磷，反应容积大，并能充分发挥顶渣的作用。在出钢过程中对炉渣进行改性还可以进一步深脱磷。鹿岛制铁所采用 LF 分段工艺进行精炼，脱磷终了时 $w[P] < 10 \times 10^{-6}$。

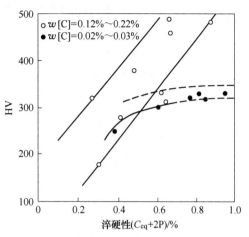

图 6-5　管线钢硬度和淬硬性的关系

6.2.4　氧的控制

在钢中氧含量过高，钢中氧化物夹杂物及宏观夹杂物增多，严重影响钢材质量。而钢中氧化物夹杂物是管线钢产生 HIC 和 SSCC 的根源之一，危害钢的各种性能，为减少氧化物夹杂物的数量，一般把铸坯中 $w(O)$ 控制在 $(10 \sim 20) \times 10^{-6}$，目前世界上最具竞争力的管线钢的 $w[O]$ 可以达到小于 0.001%。美国 Weirton 公司生产薄板时发现铸坯中 T[O] 与铸坯质量指数有明显的对应关系[12,13]：当铸坯中 T[O] 达到 0.0015%~0.002% 时，质量指数达 81；当铸坯中 T[O] 上升到 0.003% 时，质量指数仅为 35；而当 T[O] 为 0.004%~0.01% 时，废品率大量增加。川崎 Mizushima 厂还把中间包 T[O] 作为钢洁净度的标准，认为中间包钢水中 T[O] <0.003%，生产出来的薄板缺陷极少，产品不需任何检查而被用户接收，当中间包钢水 T[O] =0.003%~0.005% 时，薄板则可能产生缺陷，产品必须进行检查修整；而中间包钢水 T[O] >0.0055% 时，产品自动降级使用。控制钢中氧的方法很多，其重点之一是防止钢水的二次氧化。为此，首先是防止出钢过程中高 FeO、MnO 的炉渣带入钢包。有人提出两种解决方案：一是提高渣中 MgO 含量到 10%；二是提高 CaO/SiO_2 到 5 以上，这样可使转炉渣中 TFeO 含量降到 13%~14%。此外，使用机械挡渣法，如挡渣球、挡渣帽等，使进入钢包中的转炉渣减少到低于 3kg/t。T. Emi 认为：出钢挡渣、钢包渣中 $w(FeO) + w(MnO) < 1.5\%$，并使顶渣和包衬呈碱性，这样可以使低碳铝镇静钢 T[O] 达到 0.001%。

RH 真空处理是最有效去除钢中氧的措施。国内外一些厂家 RH 处理后 T[O] 值见表 6-7。表中数据表明，国外处理后 T[O] 水平一般小于 0.003%。处理效果最好的是 NKK 公司的 RH-PERM 工艺，处理 20min 后终点 T[O] 可达 0.0005%。同时，RH 钙处理可取得更好的效果，西德进行钙处理后终点 T[O] 在 0.0015% 左右。

改进中间包也可控制钢中氧含量。韩国浦项中间包改进挡墙和坝结构，使坝具有过滤器功能，取得了很好的效果。鹿岛厂对于 32t 中间包，深度由 610mm 提高到 900mm，T[O] 可以减少 20%~30%。川崎水岛厂研究发现了中间包渣碱度对钢水中 T[O] 的影响，当碱度为 0.83 时，T[O] 为 0.00347%。现在国外一些厂家已经开始使用双渣层，即底层用熔点低的碱性渣以更多地吸附夹杂物，顶层使用熔点高的炭化稻壳以保温。目前世界上铝镇静钢铸坯中 T[O] 普遍小于 0.0025%。具体情况见表 6-8。

表 6-7　国内外一些厂家 **RH** 处理后 **T[O]** 值

公司名称	T[O]/ppm
NKK 改进 RH 工艺	5
英国某厂 RH 钙处理	<15
西德钙处理	15
日本一些厂家钙处理	<20
NKK 传统 RH 工艺	25
浦项	26
中钢公司	<30
川崎千叶厂	40
宝钢	55
武钢	72

注：$1ppm = 10^{-6}$。

表 6-8　国内外一些钢铁公司铸坯中 **T[O]** 水平

公司名称	T[O]/ppm	公司名称	T[O]/ppm
英国钢铁公司	<10	霍金根厂	<20
浦项	<10	巴西 Usiminas 厂	20
中钢公司	12	住友	22
加拿大 Dofasco 厂	13	英国利温斯克拉厂	22
Usiminas 厂（超纯钢）	13	德国贝斯汉姆厂	23
德国迪林格厂	15	新日铁八幡厂	26
奥地利 Linz 厂	16	川崎 Mizushima 厂	<30
宝钢高洁净工艺	16	法国敦刻尔克厂	30
伯恩斯港厂	17	宝钢 LD. Rll—CC 工艺	30
NKK	20	武钢	38
川崎千叶厂	20		

注：$1ppm = 10^{-6}$。

6.2.5　锰的控制

锰在钢中是作为铁素体固溶强化元素而存在，也是提高低碳钢强度的主要强化元素。在管线钢中锰含量通常不超过 1.50%。近年来的研究工作表明，锰含量在 2.0%以下，钢的强度随锰含量增加而提高，而冲击韧性下降的趋势很小，且不影响其脆性转变温度，这为开发高韧性管线钢创造了有利条件。为了获得更高的韧性，目前高强度管线钢的化学成分朝着降碳增锰的方向发展，已逐渐为世界各主要管线钢生产厂所应用。

由于管线钢要求较低的碳含量，因此通常靠提高锰含量来保证其强度。锰还可以推迟铁素体向珠光体的转变，并降低贝氏体的转变温度，有利于形成细晶粒组织。但锰含量过高会对管线钢的焊接性能造成不利影响。当锰含量超过 1.5%时，管线钢铸坯会发生锰的偏析，且随着碳含量的增加，这种偏析更显著。

锰对管线钢抗 HIC 性能也有影响，主要分为三种情况：含碳 0.05%～0.15% 的热轧管线钢，当锰含量超过 1.0% 时，HIC 敏感性会突然增加。这是由于偏析区形成了"硬带"组织的缘故。对于 QT（淬火+回火）管线钢，当锰含量达到 1.6% 时，锰含量对钢的抗 HIC 能力没有明显影响。但在偏析区，碳含量低于 0.02% 时，由于硬度 HV 降到低于 300，此时即使钢中锰含量超过 2.0%，仍具有良好的抗 HIC 能力。

6.2.6 铜的控制

加入适量的铜，可以显著改善管线钢抗 HIC 的能力。随着铜含量的增加，可以更有效地防止氢原子渗入钢中，平均裂纹长度明显减少。当铜含量超过 0.2% 时，能在钢的表面形成致密保护层，HIC 会显著降低，钢板的平均腐蚀率明显下降，平均裂纹长度几乎接近于零。

但是，对于耐 CO_2 腐蚀的管线钢，添加 Cu 会增加腐蚀速度。当钢中不添加 Cr 时，添加 0.5%Cu 会使腐蚀速度提高 2 倍。而添加 0.5%Cr 以后，Cu 小于 0.2% 时，腐蚀速度基本不受影响，当 Cu 达到 0.5% 时，腐蚀速度明显加快。

6.2.7 氢的控制

氢是导致白点和发裂的主要原因，管线钢中的氢的质量分数越高，HIC 产生的几率越大、腐蚀率越高、平均裂纹长度增加越显著，图 6-6 所示为氢的质量分数与平均裂纹长度的关系。

钢中的氢主要在炼钢初期通过 CO 剧烈沸腾去除，自从真空技术出现后钢中 $w[H]$ 已可稳定控制在 2×10^{-6} 的水平。除此之外，要杜绝在后续工序中加入的造渣剂、变性剂、合金剂、保护渣、覆盖剂等受潮现象，避免碳氢化合物、空气与钢水接触，这样有助于降低钢中的氢含量。

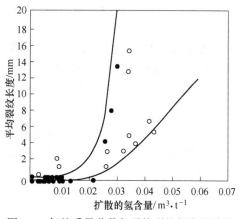

图 6-6　氢的质量分数与平均裂纹长度的关系

当压力为 100Pa 时，氢气在钢中的溶解度为 0.91ppm（$1ppm = 10^{-6}$）。实际上，通常要求钢中 $w[H] < 0.0002\%$。为了达到此目标，需保持钢液处于非常低的压力下。炼钢初期，通过 CO 的激烈搅拌沸腾脱氢，以及在 RH 处理中脱氢（RH 脱气操作，压力小于 500Pa 下处理 10min 可使 $w[H] < 0.0002\%$）。

6.2.8 铌、钛、钒、硼等元素的控制

目前，Nb、V、Ti 微合金化已引起全世界的普遍关注，因为微合金化元素与控轧控冷相结合可产生如下强化作用[14]：（1）未溶解的 Nb、V、Ti 的碳、氮化物颗粒分布在奥氏体晶界上，可阻碍钢在加热时的奥氏体晶粒长大。（2）未溶解的 Nb、V、Ti 的碳、氮化物可阻碍奥氏体再结晶。（3）在轧制中有些合金碳、氮化物会在位错、亚晶界、晶界上沉淀，进一步阻碍动态再结晶和轧后静态再结晶的产生。（4）在 γ→α 相变中发生相间沉

淀，形成非常细小的合金碳化物，起沉淀强化的效应。钛在管线钢中的加入量一般都不超过 0.03%，钛在钢中几乎都以 TiN 存在，难以再形成 TiC，因此管线钢中的沉淀强化作用主要取决于铌和钒。(5) 轧制时形成的高密度位错被碳化物钉扎，会增大位错运动的阻力。铌是取得良好控轧效果的最有利的微合金化元素。

铌是管线钢中唯一不可缺少的微合金元素。铌可以产生非常显著的晶粒细化及中等程度的沉淀强化作用，并可改善低温韧性。为有效发挥铌对抑制奥氏体再结晶的作用，应尽可能采用低的碳和氮含量。

钛可以产生中等程度的晶粒细化及强烈的沉淀强化作用。钛的化学活性很强，易与钢中的 C、N 等形成化合物，为了降低钢中固溶氮含量，通常采用微钛处理使钢中的氮被钛固定，同时，TiN 可有效阻止奥氏体晶粒在加热过程中的长大，起直接强化作用。

钒的溶解度较低，对奥氏体晶粒及阻止再结晶的作用较弱，主要是通过铁素体中 C、N 化合物的析出对强化起作用。

就三种元素的细晶强化作用而言，铌的作用最明显，钛次之，钒最弱。铌对奥氏体再结晶过程的影响取决于固溶于奥氏体中的铌含量，所以应尽量避免在再结晶温度以上铌以碳、氮化物的形态析出。同时，碳含量和氮含量的增加都使奥氏体中的铌含量降低，要有效地发挥铌抑制奥氏体再结晶的作用，管线钢应尽可能降低钢中碳含量和氮含量。

降低钢中的固溶氮含量，通常均采用微钛处理，按照 Ti/N 比值不低于化学当量值 3.42 计算，在钢中加入 0.02% 左右的钛就可以将转炉中 0.006% 的氮化合成 TiN，由于 TiN 的溶解温度较铌或钒的氮化物高得多，它可以更有效地阻止奥氏体晶粒在加热过程中长大，以保证铸坯具有较细的初始奥氏体晶粒和防止热影响区晶粒的长大。

硼元素过去一直用来提高含金结构钢的淬透性，近年来也用于微含金高强度钢，以降低碳当量和获得高的焊接性能[15]。文献 [16] 指出含硼钢的碳含量控制是一个必须注意的问题。在 $w[C]<0.04\%$ 时，显微组织为铁素体+低碳贝氏体；当 $w[C]>0.057\%$ 时，则为上贝氏体+高碳马氏体。这些组织的出现导致了屈服强度和韧性的降低，为此，含硼钢的碳含量必须严格在 0.05% 以下。硼含量在 0.001% 时就可使钢的显微组织全部转变为贝氏体，过量的硼显然可以提高强度，但却降低了韧性，特别是对脆性转变温度的影响更大。

6.2.9　夹杂物的控制

在大多数情况下，HIC 都起源于夹杂物，钢中的塑性夹杂物和脆性夹杂物是产生 HIC 的主要根源。一般认为，H_2S 在钢的界面上反应生成原子氢，它进入钢中后就富集在夹杂物特别是长条状的硫化物周围，因为夹杂物界面是氢的陷阱，当夹杂物尖部的分子氢压升高到大于临界值时就会产生裂纹，同时在裂纹尖部出现局部变形区，随着氢压的增大，这些裂纹能向前扩展或互相连接，当两个平行的裂纹靠得很近（如<0.4mm）时，裂纹间的相互干涉较大，容易使裂纹弯曲而成阶梯状或台阶状的裂纹。

因为夹杂物界面是氢的陷阱，在陷阱中的局部氢浓度远比平均氢浓度要高，故单位面积上夹杂物的长度增加时，产生 HIC 所需的钢中平均吸氢量就下降。介质的 pH 值下降时，材料吸氢量增加，这时即使材料中的夹杂物含量较少，也可能产生 HIC。分析表明，HIC 端口表面有延伸的 MnS 和 Al_2O_3 点链状夹杂物，而 SSCC 的形成与 HIC 的形成密切相关。因此，为了提高抗 HIC 和抗 SSCC 能力，必须尽量减少钢中的夹杂物、精确控制夹杂物形态。

钙处理可以很好地控制钢中夹杂物的形态，从而改善管线钢的抗 HIC 和 SSCC 能力。当钢中含硫 0.002% ~ 0.005% 时，随着 Ca/S 的增加，钢的 HIC 敏感性下降。但是，当 Ca/S 达到一定值时，形成 CaS 夹杂物，HIC 会显著增加。因此，对于低硫钢，Ca/S 应控制在一个极其狭窄的范围内；否则，钢的抗 HIC 能力明显减弱[17]。而对于硫含量低于 0.002% 的超低硫钢，即便形成了 CaS 夹杂物，由于其含量相对较少，Ca/S 可以控制在一个更广的范围内。

总之，管线钢发展的最新趋势是高纯净、高强度、高韧性、可焊性强及高抗腐蚀性。这就决定在生产中进行冶炼工艺选择时，仅考虑炉外精炼的功能和控制技术是不够的，还应考虑到各个生产环节上的诸多因素，进行复合冶炼。实践证明：合金成分调整、冶金技术的发展和 TMCP 工艺之间的最佳配合是高钢级管线钢开发中的关键。

随着环境保护要求的提高，我国能源结构将产生重大变化，油气管线的建设任重而道远，我国管线钢的开发与应用虽获得较大成绩，但与国外还有很大的差距，国外已经发展到质量要求更高的 X100、X120 甚至 X130 级。我国应以 X70、X80 钢的成功开发应用为起点，搞好技术进步和工艺创新，促进我国管线钢的发展。

6.3 典型冶炼工艺

管线钢的生产工艺包括炼钢和轧钢工艺。制定工艺制度时，各钢铁公司都根据所炼级别管线钢的成分和性能的要求及生产厂的设备情况来确定，并采用相应的工艺措施。

6.3.1 铁水预处理

为了保证管线钢的低硫含量，在炼钢前要求铁水预处理，这是一种方便经济的获得低硫铁水的方法。通常采用喷射、搅拌等脱硫方法，把碳化钙、镁或石灰等脱硫剂喷入鱼雷罐或铁水罐中，把铁水硫含量从 300×10^{-6} 降到 50×10^{-6} 以下。

6.3.2 转炉顶底复合吹炼

转炉冶炼具有脱硫、脱磷的任务，多次造渣耗时、生产成本较高，而顶底复合吹炼不仅可以做到低磷、低硫，而且还可以降低熔渣氧化性、减少喷溅、强化冶炼。

按照吹炼目的，复吹转炉分为加强搅拌型、强化冶炼型和增加废钢用量型三类。加强搅拌型顶吹氧、底吹 Ar、N_2 或 CO_2 弱氧化性气体，流量大致在 $0.3m^3/(t \cdot min)$ 以下；强化冶炼型顶吹氧，底吹氧或氧和熔剂，底吹氧量为顶吹氧量的 5% ~ 40%（$0.2 \sim 1.5m^3/(t \cdot min)$）；增加废钢用量型顶吹氧、底吹氧或侧吹氧、喷加燃料等。按照底部供气元件结构，复吹法分喷管型、透气砖型和细金属管多孔塞型三类。按照底部供气种类，分为惰性气体（Ar）或 N_2 型、空气（或空气加 N_2）型、二氧化碳（或 O_2+CO_2）型、吹氧（或加可燃气）型、一氧化碳型等。

顶吹转炉操作灵活，可以控制脱碳、脱磷反应，容易拉碳炼中、高碳钢，熔池氧化性高，成渣条件好。缺点是熔池搅拌差，熔池成分、温度不均匀；同时，钢渣容易过氧化，产生喷溅和金属损失。底吹法熔池搅拌强烈，可以避免过氧化，吹炼平稳、金属损失少，有利于炼低碳钢。缺点是成渣慢；CO 燃烧成 CO_2 数量少，废钢用量比 LD 法少。复吹法兼有这两者的优点，同时避免了两者的缺点，因此其机能和适应性都增强了。

6.3.3　炉外精炼

管线钢常采用的炉外精炼的方法有 RH 真空脱气、LF 精炼炉、钢包喷吹等、喂硅钙及稀土线等，尤其是 LF 及钙处理已成为高级别管线钢生产中不可缺少的工艺措施[18]。

（1）LF 钢包精炼炉的精炼功能主要体现在：

1）炉内气氛。LF 炉具有水冷法兰盘、水冷炉盖及密封橡皮圈，在精炼时可以起到隔离空气的密封作用。再加上还原性渣以及加热时石墨电极与渣中的 FeO、MnO、Cr_2O_3 等氧化物作用生成 CO 气体，增加了炉气的还原性。同时，石墨电极还与盛钢桶内的氧气作用生成 CO，从而可使 LF 炉内气氛中的氧含量减少，保证了精炼时炉内的还原气氛。

2）气体搅拌。良好的气体搅拌促进了钢-渣之间的化学反应，加速钢-渣间的物质传递以及钢液脱氧、脱硫反应的进行，有利于去除非金属夹杂物，加速钢液中的温度与成分均匀。

3）埋弧加热。LF 精炼炉是采用三根石墨电极进行加热，可适当降低转炉出钢温度，提高转炉生产效率及炉龄。加热时电极插入渣层中采用埋弧加热法。这种方法的辐射热小，对炉衬的侵蚀较小，有保护作用，加热的热效率也较高。埋弧还可使石墨电极与渣中氧化物反应，减少渣中不稳定的氧化物，提高炉渣的还原性和合金元素的回收率。

4）白渣精炼。LF 精炼炉采用造白渣工艺进行精炼处理，白渣具有很强的还原性，精炼时可降低钢中氧、硫及夹杂物含量。

（2）钙处理的重要性：

1）管线钢中的硫含量对钢板的横向冲击韧性影响显著，同时线性硫化物是裂纹源易导致氢致裂纹（HIC），尤其当输气介质中含有 H_2S、CO_2 等腐蚀性气体时，氢致裂纹更易发生，因此，对高级别管线钢不仅要求 $w(S) < 50 \times 10^{-6}$，还需在精炼过程中进行钙或稀土处理，以变线性硫化锰夹杂物为球形的 CaS 或 $CaO\text{-}Al_2O_3\text{-}CaS$ 复合夹杂物，提高管线钢的抗 HIC 性能。

2）由于 CSP 钢水属铝镇静钢，钢水中含有 0.02% ~ 0.05% 的酸溶铝，在浇铸过程中易发生堵水口现象，防止水口堵塞的主要方法：一是钙处理；二是采用中间包塞棒吹氩或侵入式水口吹氩，其中后者普遍应用于常规连铸机。由于 CSP 薄板坯连铸的结晶器断面厚度小（52~68mm）、拉速快（2.8~6m/min）、钢水流动强度大，极易造成卷渣，如果用水口吹氩来防止水口堵塞，则结晶器内的钢水流动更强，卷渣更为严重，对铸坯质量造成非常大的危害。因此，CSP 浇铸低碳铝镇静钢（如管线钢）时，为了提高连浇炉数，只能在 LF 炉钙处理，只有这样，才能使大部分 Al_2O_3 转变为流动性好的 $12CaO \cdot 7Al_2O_3$，同时又不生成熔点高的 CaS。

6.3.4　连铸

目前连铸成为管线钢生产的主要工艺。在管线钢连铸生产中，如何防止大颗粒夹杂物残留、成分偏析、表面和内部裂纹等已成为提高管线钢性能的主要问题。因此，防止钢水从钢包到中间包及中间包到结晶器的二次氧化非常重要。同时，连铸坯在 1300℃ 以上时，应避免快速喷水冷却，以免产生表面裂纹。此外，采用电磁搅拌、轻压下技术以及防止液相穴内富集溶质母液，降低合金元素偏析，在管线钢生产过程中都起着很大作用。

6.3.5 控轧控冷

为了充分利用晶粒细化，实现强度和韧性的匹配，大多数的管线钢都采用控轧控冷的方式生产。控轧控冷主要通过高温奥氏体区形变再结晶、低温奥氏体未再结晶区的变形、γ—α 的富化生核，以及 γ—α 两相区形变来取得最佳的细化效果。对于 X70 级以上的管线钢，必须采用控制冷却的手段来调整铁素体晶粒尺寸、贝氏体类型及其比例、碳氮化物析出相的数量和粒度分布。

在高炉炼铁、铁水预处理、转炉炼钢和炉外精炼各工序中，脱硫的平均成本以铁水预处理最低，其次为高炉，然后是炉外精炼，而转炉脱硫的成本最高。所以最主要的脱硫环节应选择铁水预处理脱硫，在转炉冶炼中采取措施有效防止回硫，最后再进行炉外精炼深脱硫。在各工序间进行合理分工，才能经济、稳定地生产超低硫钢。但目前国内很多企业在管线钢深脱硫工作中往往忽视各工序间脱硫任务的分配问题，将深脱硫任务全部放到精炼过程中是不恰当的。

出钢脱硫和钢水炉外精炼的合理匹配也是生产超低硫钢的必要手段，但目前对两者的匹配问题的研究和重视程度还远远不够，大部分工作都集中于炉外精炼深脱硫。尤其是对出钢过程脱硫、钢包渣的控制以及出钢到精炼前的钢水质量控制认识不够，造成出钢后的卷渣给下步工序带来严重的负面影响，恶化了精炼炉的操作条件，使管线钢深脱硫冶炼工艺技术的发展受到很大的限制。

高级别管线钢的炼钢工艺流程可以总结为：铁水处理—顶底复吹转炉—二次冶金—浇铸。此工艺被大多数的钢厂所采纳，如日本的新日铁、德国蒂森克虏伯、加拿大钢铁公司和我国的宝钢、武钢、鞍钢、本钢、攀钢等。

6.3.6 采用 LF（CAS、钢包喷粉）处理法

采用 LF（CAS、钢包喷粉）处理法工艺流程为：铁水预处理—顶底复吹转炉—LF、CAS 等—浇铸[19]。

采用此工艺流程的钢厂大多未装备昂贵的 RH 真空处理装置，为生产管线钢而采用 LF、CAS-OB 或钢包喷粉等精炼手段，如澳大利亚钢铁公司采用吹氩和钢包喷粉生产电阻焊管线钢、鞍钢采用了 ANS-OB、邯钢采取 LF 精炼炉等。以此工艺冶炼的管线钢由于未经 RH 真空处理，氢和氮含量相对较高，通常用于生产输油用低级别管线。

澳大利亚钢铁公司管线钢的生产路线为：铁水预处理—270t 顶底复吹转炉—钢包喷粉—保护浇铸，生产要点如下：

（1）在鱼雷罐中进行铁水脱硫，喷吹镁石灰，使硫含量降到 90×10^{-6}；

（2）铁水入转炉前扒渣，使用低硫废钢；

（3）转炉采用顶底复合吹炼，并过装 5~10t，实行留钢、渣操作；

（4）出钢时向钢包加入高碱度合成渣；

（5）钢包喷吹前氩搅拌，CaSi 加入量以 Ca/Al 达 0.2 为标准，平均加钙量为 0.5 kg/t。

6.3.7　采用 RH 处理法

采用 RH 处理法工艺流程为：铁水预处理—顶底复吹转炉—RH 多功能精炼—浇铸。

此工艺几乎是管线钢的标准工艺流程，即二次冶金采用 RH 真空脱气，并通过喷粉或通过合金溜槽加入脱硫剂（如宝钢）深脱硫及钙处理技术进行夹杂物变性处理等多功能精炼手段，来满足高级别输油气管线的质量要求，此流程为国内外许多厂家所采用，如新日铁的名古屋、大分厂，加拿大钢铁公司，宝钢，本钢等。现以伊里湖厂为例，简介如下。

加拿大钢铁公司伊利湖厂生产抗 HIC 的 X52ERW 管线钢工艺为：铁水预处理—230t 转炉—RH-PB—喂线站—保护浇铸—控制轧制。生产要点如下：

（1）鱼雷罐喷吹脱硫剂脱硫，脱硫剂成分为 $w(CaC_2) = 64\%$、$w(C) = 20\%$、12% 煤、$w(MgO) = 6\%$，把 0.025% 的平均出铁硫含量脱到 0.002%（质量分数）；

（2）转炉冶炼采用厂内低硫废钢，出钢前将 80% 石灰、15% 萤石、5% 铝的混合料加入钢包进行初步脱硫；

（3）RH 处理时，在下部喷嘴喷吹石灰-萤石-氧化镁-二氧化硅混合料或通过合金加料系统加入石灰-萤石-氧化镁脱硫团料实现二次脱硫，另外，在 RH 装置上还进行化学加热（Al-OB）和添加微调合金；

（4）RH 处理后，在吹氩搅拌站喷射 CaSi 线，进行夹杂物形态控制。

6.3.8　RH 和 LF 双联法

RH 和 LF 双联法工艺流程为：铁水预处理—顶底复吹转炉—RH 和 LF 双联—浇铸。

一些虽有 RH 真空处理，但不具备 RH 深脱硫技术的钢厂，通常会采用该工艺流程，这里 RH 起脱气净化钢液的作用，而深脱硫和钙处理及 RH 处理造成的温度损失由 LF 精炼炉来分担，此工艺多用于生产抗 HIC 性能的高级别输气用管线钢。

采用此工艺的有新日铁名古屋厂，中国的宝钢、武钢和攀钢等。现以宝钢高韧性 X70 钢生产工艺为例，简介如下。

宝钢高韧性 X70 钢生产工艺为：铁水三脱—300t 顶底复吹转炉—LF 处理—RH 及钙处理—板坯连铸—板坯再加热—控轧控冷—卷取。

针对脱磷、脱硫热力学条件相互矛盾而管线钢以要求 [S]、[P] 同时低的特点，宝钢采用转炉重点脱磷，RH 和 LF 重点脱硫的试验方案。

（1）转炉冶炼低磷钢。

1）早期加入大量石灰，以达到石灰饱和；

2）加入硅石或硅铁，加大渣量；

3）增加渣中 FeO 含量；

4）低温出钢。

（2）RH 真空处理。

1）从 RH 真空溜槽向真空室加入由石灰与萤石组成的脱硫剂；

2）顶渣改质，使 $R \geqslant 3$，$w(TFe) \leqslant 3\%$；

3）在脱硫的同时加入铝，脱硫后 $w[S] \leqslant 20 \times 10^{-6}$。

（3）LF 合成渣脱硫。

1）采用 $CaO\text{-}Al_2O_3$ 系高碱度合成渣脱硫；

2）钢包渣深脱氧，渣中 $w(FeO+MnO)\leqslant 2\%$；

3）提高底吹氩流量，加强搅拌，以强化渣钢界面脱硫反应，脱硫后钢中 $w[S]\leqslant 10^{-6}$，$\eta_S=87\%$。

6.3.9 电炉钢厂管线钢生产工艺

废钢—超高功率电弧炉—LF/VD—浇铸，此工艺为电炉厂标准工艺流程。我国的舞钢就采用此工艺生产 X56 管线钢，另外，由于废钢中有害残余元素如 Sn、Cu、As 等在电炉冶炼中无法去除而残留钢中，从而对钢质量产生较大影响。因此，电炉冶炼高级别管线钢对废钢质量的要求非常严格，这也限制了这种工艺在高级别管线钢生产中的应用。舞钢的管线钢生产流程为：90t 超高功率电炉—偏心无渣底出钢—LF/VD 炉外精炼—1900mm 板坯连铸（保护浇铸）—钢坯加热—轧制—切取。

6.3.10 管线钢生产的典型工艺流程

6.3.10.1 澳大利亚钢铁公司生产的电阻焊管线

工艺流程：

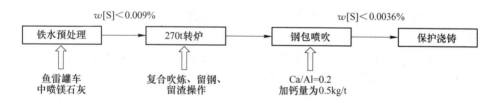

生产要点：

（1）铁水脱硫在鱼雷罐车中进行，喷吹镁石灰，使硫含量降到 0.009%；

（2）在铁水入转炉前扒除铁水表面的炉渣，并要求加入低硫废钢；

（3）转炉采用顶底复合吹炼，并过装 5~10t，实行留钢、渣操作；

（4）出钢时向钢包加入高碱度合成渣；

（5）钢包喷吹前纯氩搅拌，CaSi 加入量以 Ca/Al=0.2 为标准，平均加钙量为 0.5kg/t。

6.3.10.2 福山钢厂生产抗 HIC 管线钢

工艺流程：

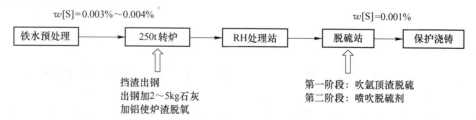

生产要点：

（1）在铁水预处理工位进行脱硫，使硫降到 0.003% ~ 0.004%；

（2）转炉挡渣出钢，并在钢包中加入 2~5kg/t 石灰，同时，向钢包加铝脱氧；

（3）在 RH 处理工位进行脱氧、脱气及成分微调；

（4）钢包到脱硫站后先盖上保温盖，并用透气砖吹氩降低熔池面上的氧分压，然后进行两阶段的喷吹：第一阶段是氩气搅拌下的顶渣脱硫，第二阶段喷吹脱硫剂进一步脱硫。

6.3.10.3　武钢生产管线钢

工艺流程：

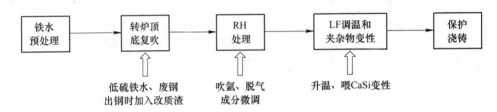

生产要点：

（1）在铁水预处理工位进行脱硫，使入炉铁水 $w[S] \leqslant 0.005\%$，并采用低硫废钢；

（2）转炉顶底复合吹炼，出钢前加入活性石灰和萤石；

（3）吹氩时间保证在 5min 以上，氩气流量和压力要适当；

（4）RH 主要是真空脱气（[O] 和 [H]）、去除夹杂物和成分微调；

（5）LF 炉的功能主要有升温、喂入 CaSi 线使夹杂物变性。

6.3.10.4　鞍钢生产 X60 管线钢

工艺流程：

生产要点：

（1）在铁水预处理工位进行脱硫，使入炉铁水 $w[S] \leqslant 0.003\%$，并采用低硫废钢；

（2）出钢时采取挡渣措施；

（3）炉外精炼采用 RH+LF 处理，并加入 CaSi 线进行夹杂物变性处理；

（4）采用全程氩气保护浇铸的方式。

参 考 文 献

[1] 王茂堂，牛冬梅，王丽，等. 高强度管线钢的发展和挑战 [J]. 焊管，2006，29（5）：9~16.

[2] 杜则裕. 高强度管线钢 X100 的研究进展 [J]. 焊接技术，2006，35（7）：1~3.

[3] 黄志潜. X80 管线钢在高压大流量输气管道上的应用与发展前景 [J]. 焊管，2005，28（2）：1~9.

[4] Kenji H, Akihide N, Yutaka M. 550 and 610 MPa class high-strength steel plates with excellent toughness

for tank and penstocks produced using carbide morphology controlling technology [J]. JFE Technical Report, 2008 (11): 19~25.

[5] Mangonon P L. Effect of alloying elements on the microstructure and properties of a hot-rolled low-carbon low-alloy bainitic steel [J]. Metallurgical Transactions A, 1976, 7 (9): 1389~1400.

[6] 张鹏程, 唐荻, 武会宾, 等. X80 级管线钢硫化物应力腐蚀开裂研究 [J]. 材料保护, 2008, 41 (4): 10~13.

[7] 焦多田, 蔡庆武, 武会宾. 轧后冷却制度对 X80 级抗大变形管线钢组织和屈强比的影响 [J], 金属学报, 2009, 45 (9): 1111~1116.

[8] McConnell P, Hawbolt E B, Cooke R J. An instrumented impact study of acicular ferrite pipeline steels [J]. Materials for Energy Systems, 1981, 3 (9): 28~41.

[9] 胡美娟, 李炎华, 吉玲康, 等. X65MS 酸性服役管线钢焊接性研究 [J]. 焊管, 2014, 37 (11): 15~18.

[10] Margot-Marette H, Bardon G, Charbonnier J C. The application of the slow strain rate test method for the development of linepipe steels resistant to sulphide stress cracking [J]. Corros. Sci., 1987, 27 (10, 11): 1009~1026.

[11] 王立涛, 李正邦, 张乔英. 高钢级管线钢的性能要求与元素控制 [J]. 钢铁研究, 2004 (4): 13~17.

[12] Mendoza R, Huante J, Alanis M, et al. A Slab craking after continuous casting of API 5L X-70 grade steel for pipeline sour gas application [J]. Ironmaking and Steelmaking, 1999, 26 (3): 205~209.

[13] Fumio K. An evaluation of the effect induced AC voltage on cathodically protected pipelines paralleling electric power transmission lines [J]. Corrosion and Protection (Bulletn of the Corrosion Science Society of Korea), 1999, 1 (2): 96~101.

[14] 张震, 张有余. 高强度工程机械用钢 JGH60 的研制开发 [C] //2004 年全国炼钢、轧钢生产技术会议文集, 2004.

[15] Nakasngi H, et al. Alloys for the Eighties [M]. Creenwich, Conn.: Climax Molybdenum Co., 1980: 213.

[16] Kaeko T, et al. Middle East NACE Corrsion Conf. Baharain, 1979.

[17] 李代锺. 钢中的非金属夹杂物 [M]. 北京: 科学出版社, 1983.

[18] 张彩军, 蔡开科, 袁伟霞, 等. 管线钢的性能要求与炼钢生产特点 [J]. 炼钢, 2002, 18 (5): 40~42.

[19] 张本源. 管线钢冶炼工艺技术的开发 [J]. 天津冶金, 2005 (1): 8~10.

7　轴　承　钢

　　轴承是用于支承轴颈部和轴上的回转零件的部件，广泛应用在民用器具和机械工业中并且要求非常严格，故而称为"机械的关节"。轴承中的滚动轴承是轨道交通、机器制造、风力发电等诸多行业所必需的基础件与配套件。轴承用钢与轴承的生产水平及发展状况是衡量国家机械化工业化水准的重要指标之一。轴承钢是制作轴承过程中的主要钢种，这些年，随着科学技术及高速铁路、城市轨道和风力发电的大力发展，轴承的工作环境变得更加苛刻，这就要求制备的轴承具备更加优良的性能。实际情况是，对于轴承的许多重要领域的关键部位，一般仍依赖国外进口，因此开发自主知识产权的高性能轴承尤为必要。

　　轴承的性能主要取决于组织类型及相对比例，因此分析造成国内外轴承在组织类型和比例上存在差别的原因，对提高轴承的性能具有积极的意义。对轴承的基本要求如下[1]：（1）耐高载荷即要求轴承的硬度较大，抗形变强度高；（2）回转性能好，即不但要求轴承尺寸精度要高，而且要求轴承材料具备较高的纯净度、均匀度和一定的耐磨强度；（3）疲劳强度高并且尺寸稳定性好，使其能够长时间运作并且能互换。特别需要指出的是：轴承钢的均匀性是指组成材料化学成分和碳化物两者的均匀性。化学成分的均匀性主要指硫、磷等能形成低熔点化合物的元素以及碳元素自身的偏析和能与碳元素形成夹杂物元素的偏析。碳化物均匀性包括碳化物直径、形态、间距分布等方面，主要受铸造、轧制及热处理时所选择的工艺和方法等因素的影响，特别是球化退火时的加热温度、保温时间及冷速的选取。碳化物直径、所占体积比、分布形态等对轴承的寿命影响都很大。国内外研究人士一致认为[2]：轴承马氏体基体组织中碳含量为 0.4% ~ 0.5% 时，碳化物平均直径越小，其疲劳寿命越高，碳化物平均直径为 0.56μm 时比 1μm 时疲劳寿命延长 2.5 倍。我国轴承钢生产质量水平整体上得到了一定的提高，但仍然存在一些缺陷，不能保证轴承钢质量的稳定性，如微量元素含量波动很大、碳化物直径和形状及分布不能达到高精度轴承的要求，与国外先进轴承目前还存在一定差距。

7.1　轴承钢的用途及对性能要求

　　轴承钢是重要的冶金产品，是特殊钢中最著名、最典型的代表钢种之一，国际公认其是用于衡量企业技术水平和产品质量水平的重要标志。轴承钢被广泛应用于机械制造、铁道运输、汽车制造、国防工业等领域，主要是制造滚动轴承的滚动体和套圈，一些大断面轴承钢也被用来制造机械加工用的工、模具。轴承钢主要可分为高碳铬轴承钢、渗碳轴承钢、高温轴承钢、不锈轴承钢和中碳轴承钢，其中尤以高碳轴承钢生产量最多。

　　随着科学技术的发展，一些特殊用途的轴承向着高转速、高负荷、高温、低温、特大型、特小型、低噪声发展。例如，轴承转速 D_N 值已达 4×10^6 r/min；承受局部接触应力达 4000MPa；工作温度达 600℃以上；超低温度达到 -253℃；有的轴承最大直径（外径）达

4.1m、质量达到 7700kg；而最小的微型轴承直径只有 1mm、内径仅 0.6mm、质量 0.17g；办公室自动化机器等小型轴承则要求抑制噪声。

轴承是由内套圈、外套圈、滚动体（滚珠、滚柱或滚针）和保持器四部分组成，除保持器外，其余都是由轴承钢制成。当轴承工作时，轴承内外套圈、滚动体间承受高频率、变应力作用。在轴承旋转时，还承受离心力的作用，并随转速的增加而增大；滚动体与套圈间不仅存在滚动，而且还有滑动，所以在滚动体与套圈之间还存在摩擦等几种力的综合作用下，在套圈或滚动体的表面上抗疲劳强度低的部位首先产生疲劳裂纹，最后形成疲劳剥落，使轴承破损失效。轴承钢正常破损的形式是接触疲劳损坏，其次是摩擦磨损使精度丧失。非金属夹杂物或粗大碳化物，则可促进裂纹的产生[3]。

一台机械设备的使用性能在很大程度上取决于滚动轴承的精度、可靠性和寿命。因此，对于轴承的要求可以归纳为：

（1）灵敏度。摩擦力矩应不大于 0.147mN·cm，这样小的摩擦力矩，轴承粗糙度必须达到 $R_a = 0.012$ 精度，即在放大 30 倍下不能出现表面缺陷。

（2）可靠度。一批轴承中合格率必须达到 99.9999%，即在 100 万套轴承中只允许一套不可靠。这是对宇航器及飞机发动机主轴轴承提出的要求。

（3）准确度。自动控制仪表要求轴承零件绝对尺寸改变不大于 1μm。

由此不难得出轴承钢的一些性能要求，具体如下：

（1）具有高的接触疲劳强度和抗压强度；

（2）经热处理后必须具有高而均匀的硬度；

（3）具有高的弹性极限，防止在高载荷作用下轴承发生过量的塑性变形；

（4）要有一定的韧性，防止轴承在受冲击载荷作用时发生破坏；

（5）要有一定的抗腐蚀性能；

（6）要有良好的工艺性能，如冷热成型、切削、磨削等性能，以适应大批量、高效率、高质量生产的需要；

（7）具有良好的尺寸稳定性，防止轴承在长期存放或使用中因尺寸变化而降低精度。

长期以来将上述要求归纳为两个与冶金因素有关的问题，即材料的纯净度和均匀性。所谓纯净度是指材料中夹杂物的含量、夹杂物的类型、气体含量及有害元素的种类及其含量。均匀性是指材料的化学成分、内部组织，包括基体组织，特别是析出相碳化物颗粒度及其间距、夹杂物颗粒和分布等均匀程度。

7.1.1 轴承钢的纯净度

钢中非金属夹杂物的数量、形态和分布，对轴承的使用有直接的、极大的影响，是决定轴承钢质量的极重要因素。因此，多年来轴承钢生产工艺的发展，主要是围绕着减少钢中的非金属夹杂物，即提高钢的纯净度来进行的。对轴承钢要求尽可能高的纯净度，是因为夹杂物存在于钢中，破坏了金属基体的连续性，在热处理时或者在使用过程中都会在夹杂物处形成应力集中而使钢的这种不连续性进一步扩大，极易导致钢在热处理过程和工件在使用过程中破坏。现代科学技术的发展，要求轴承具有高寿命、高稳定性和可靠性，这就需要将轴承材料中的杂质含量降到极低的程度。因为溶解在钢中的哪怕是含量很少的杂质，都会成为异相形态析出的夹杂物[4]。轴承钢中的非金属夹杂物来源于脱氧产物、熔渣和耐火材料，以及出钢和浇铸过程中的二次氧化产物。轴承钢中的非金属夹杂物按其化学成分可分为氧化物、硫化物、氮化物。氧化物分为简单氧化物，如 FeO、Fe_2O_3、MnO、SiO_2、Al_2O_3、Cr_2O_3、TiO_2 等。在 Si、Al 脱氧的镇静钢中，SiO_2 和 Al_2O_3 为常见的简单夹杂物；复杂氧化物包括尖晶石类夹杂物和钙铝酸盐夹杂物。尖晶石类氧化物常用 $AO \cdot B_2O_3$ 化学式表示。其中二价金属有 Mg、Mn、Fe，三价氧化物有 Fe、Cr、Al 等，如 $FeO \cdot Fe_2O_3$、$FeO \cdot Al_2O_3$、$MnO \cdot Al_2O_3$、$MgO \cdot Al_2O_3$、$FeO \cdot Cr_2O_3$、$MnO \cdot Cr_2O_3$ 等夹杂物具有尖晶石（$MgO \cdot Al_2O_3$）结构。但是，Ca、Ba 虽属二价金属元素，因其离子半径太大，它们的氧化物不生成尖晶石，而生成各种钙铝酸盐、硅酸盐及硅酸盐玻璃，这种多项成分复杂通用化学式为 $FeO \cdot mMnO \cdot nAl_2O_3 \cdot pSiO_2$ 的夹杂物，在钢的凝固过程中，一些液态的硅酸盐来不及结晶，部分或全部以玻璃态保存于钢中。但是，由于成分复杂的硅酸盐夹杂物熔点较低，易于聚集，尺寸较大，在有炉外精炼的条件下容易排出。因此，在炉外精炼的轴承钢中，基本上不出现硅酸盐夹杂物。

到目前为止，关于夹杂物对轴承钢疲劳寿命的影响有下面三方面的认识：

（1）夹杂物破坏了钢的连续性。在外加变形力（轧制、锻造、冲压变形、使用过程中的交变负荷）的情况下，在非金属夹杂物处容易产生应力集中，因而它的存在是一种危害。

（2）钢在压力加工过程中或零件热处理加热时，由于金属（基体）和夹杂物的线膨胀系数不同，在夹杂物和金属界面处产生符号相反的微观应力，即所谓的嵌镶应力，形成初始裂纹，初始裂纹则是金属进一步疲劳破坏的疲劳源。不同类型的夹杂物，其线膨胀系数各不相同，因而对轴承疲劳破坏的危害程度也就各不相同。危害最大的是线膨胀系数小的氧化铝和尖晶石类的夹杂物，它们造成的应力最大，严重地降低接触疲劳强度。

（3）单独的硫化物夹杂物同样破坏了钢的连续性，无疑也是一种危害。当硫化物把钢中单独存在的氧化物（特别是线膨胀系数小的氧化铝夹杂物）包围起来，形成硫氧化物共生夹杂物，大大减轻了氧化物单独存在时的危害。为了抵消氧化物对轴承钢疲劳强度的有害影响，应该根据钢中氧含量来控制硫含量。

7.1.2　轴承钢的均匀性

轴承钢的均匀性是指化学成分的均匀性及碳化物的均匀性。化学成分的均匀性主要指钢中合金元素，特别是碳、硫、磷的宏观及微观偏析程度。碳化物均匀性包括碳化物颗粒大小、间距、形态分布等。影响均匀性的因素很多，钢锭结构、锭重、浇铸温度、铸锭方法等影响钢中化学成分的分布状态。钢锭、钢坯在热加工前的加热工艺、钢材热加工终止温度及随后的冷却方法，球化退火工艺等影响碳化物的均匀性。液析碳化物、带状碳化物、网状碳化物评级的级别是衡量碳化物均匀性的指标。

7.2　关键控制技术及原理

7.2.1　钢中氧含量的控制

钢中氧化物夹杂物多数是脆性夹杂物，对轴承疲劳寿命危害极大。生产高质量轴承，通常要求钢中极低的全氧含量 T［O］。T. Lund 认为：轴承的疲劳寿命与钢中全氧含量的关系为：$L_{10} = 372\,T[O]^{-1.6}$。当钢中 $T[O] = 10×10^{-6}$ 时，比 $T[O] = 40×10^{-6}$ 的疲劳寿命提高 10 倍[5]；而 $T[O] = 5×10^{-6}$ 时，可比 $T[O] = 40×10^{-6}$ 的疲劳寿命提高 30 倍，与真空电弧重熔和电渣重熔相当（图 7-1）。

所以要获得质量优秀的轴承钢，首先要控制钢中的氧含量。由于钢中全氧含量可由下式表示：

$$T[O]（总）= [O]（溶）+ T[O]（夹）$$

要将成品总氧含量降到最低，要同时从降低钢液中溶解氧和降低各种成分的氧化物夹杂物着手，这也是国际上一贯的思路。

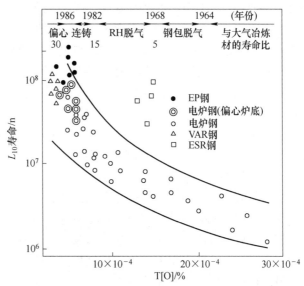

图 7-1　轴承钢全氧含量与疲劳强度的关系

7.2.1.1　初炼炉终点碳控制

在转炉吹氧炼钢过程中，氧先与铁水中的 [Si]、[Mn]、[P] 等元素反应，再与铁水中的碳反应。转炉吹炼过程中 [C] 与 [O] 发生如下反应：

$$[C] + [O] = CO \tag{7-1}$$

其反应的平衡常数为：

$$K = p_{CO}/[\%C][\%O]f_C f_O \tag{7-2}$$

$$\Delta G = -22363 - 39.63T \tag{7-3}$$

$$\lg K = 1168/T + 2.07 \tag{7-4}$$

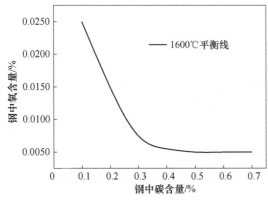

图 7-2　冶炼终点钢水碳含量与氧含量的关系

由式（7-2）和式（7-4）可知，当温度在 1600℃ 时 K、p_{CO}、f_C、f_O 都是定值，所以 $m = [\%C][\%O]$ 也是定值，在 1600℃ 时，$m = 0.0025$。也就是说温度一定时转炉出钢时的 $[\%C][\%O]$ 是定值。因此提高转炉出钢碳含量可以降低出钢氧含量。另外由式（7-2）和式（7-4）可知，当出钢温度 T 越低时，平衡常数 K 越大，而此时 m 值越小。所以适当降低出钢温度，也有利于降低 m 值，从而降低出钢氧含量。1600℃ 时，钢中碳含量和氧含量的平衡曲线如图 7-2 所示。

从碳氧反应热力学分析可知，当出钢温度一定时，提高转炉出钢碳含量可以降低出钢氧含量，另外当出钢温度在不同时，低的出钢温度也有助于降低出钢氧含量。过低的碳带来的影响[6]：（1）钢中溶解氧高会导致铝消耗量大和夹杂物总量增加，给后期精炼带来负担；（2）渣的氧化性明显增加，给后期精炼变渣和控渣带来困难。但过高的碳出钢也是没有必要的，也给初炼炉带来压力。

电炉终点氧含量控制直接关系到 LF 精炼炉控制全氧的难易，而控制终点氧和终点碳是有密切联系的，由图 7-2 可知，如果将电炉终点碳控制在 0.2% 以上，钢中的溶解氧会低于 0.02%，这是很有意义的。因为降低电炉钢水中的溶解氧不仅可以减轻精炼过程的脱氧负担，减少脱氧产物的生成量（夹杂物的主要来源），同时减少了脱氧剂的用量，可以降低冶炼成本。

而对于转炉，为适应转炉的快节奏，减轻精炼炉脱氧压力，同时减少炉后增碳的加入量，降低生产成本，转炉采用高拉碳的方法冶炼，根据 C-O 平衡的原理，控制终点碳含量较高，以最大限度地降低钢中氧含量[7]。从冶金动力学条件分析，为了使冶炼终点钢水碳氧积的实际测定值更接近碳氧平衡曲线，应加强钢包底吹搅拌强度和保证一定的底吹时间，以使钢渣充分混合。同时，高拉碳操作也带来一个问题，由于终点碳较高，吹氧助熔不够，使得钢液温度不够，影响了后续冶炼。所以，为了使出钢温度满足条件，应在转炉配废钢时加入一些提温剂，如铝锰钛提温剂等。

另外在转炉内碳的氧化反应 [C] + [O] ══ CO 是一个气-液-液相间的多相反应。许多学者研究表明，当 $w[C] > 0.2\% \sim 0.3\%$ 时，氧在熔渣和金属液中的扩散是整个脱碳过程的限制环节。因此加强熔池搅拌有助于反应快速达到平衡而降低钢中的氧含量。

7.2.1.2　脱氧方法的选择，铝含量的控制

实验显示，1600℃ 与钢中 Al 相平衡的溶解氧含量见表 7-1。

表 7-1　1600℃ 与钢中 Al 相平衡的溶解氧含量

$w[Al]$ /%	0.001	0.01	0.02	0.03	0.05	0.10
$w[O]$ /%	36.66×10^{-4}	8.09×10^{-4}	5.24×10^{-4}	4.11×10^{-4}	3.08×10^{-4}	2.22×10^{-4}

绘制曲线如图 7-3 所示。

电炉在出钢过程对钢水进行预脱氧时，根据钢水终点氧含量的不同调整铝的加入量，一次性将钢中的酸溶铝的质量分数调整至不低于 0.02%。但过高的酸溶铝又会导致浇铸时二次氧化，增加 Al_2O_3 夹杂物，造成水口结瘤堵塞等现象。图 7-3 为 1600℃ 下的铝脱氧的平衡曲线。由图 7-3 可知，0.02% ~ 0.04% 的铝含量是比较合适的。

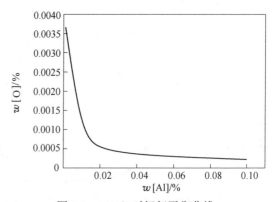

图 7-3　1600℃ 时铝氧平衡曲线

7.2.1.3　铝脱氧钢与炉渣的关系

钢液中铝与溶解氧发生如下反应：

$$2[Al] + 3[O] \Longrightarrow (Al_2O_3)$$

$$K = \frac{a_{Al_2O_3}}{a_{Al}^2 a_O^3}$$

$$a_O = \sqrt[3]{a_{Al_2O_3} / (K a_{Al}^2)}$$

由上式可知,当铝含量一定时,降低渣中的 Al_2O_3 活度是一个重要途径,这也已经被工业生产实践所证明。所以控制高碱度是必要的,渣中过高的 Al_2O_3 量也是不合适的。钢中铝含量及炉渣碱度对平衡氧含量的影响如图 7-4 所示。

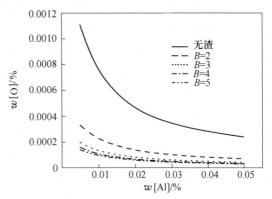

图 7-4 钢中铝含量及炉渣碱度对平衡氧含量的影响

由图 7-4 可知,高碱度的精炼渣有利于降低钢中的溶解氧,具有最强的脱硫能力,但其点状夹杂物较多;低碱度的精炼渣具有较低的点状夹杂物含量,但其降低氧含量和脱硫能力不如高碱度渣。国内轴承钢的冶炼一般采用高碱度的渣系,碱度在 3.0~4.5 比较合适。

7.2.2 精炼炉渣对轴承钢夹杂物的影响

在传统的炼钢方法中,有所谓酸性钢和碱性钢之分。两者的组织性能和可塑性都不相同。轴承钢的炉外精炼承担着完成两项任务的使命[8]:一是要减少夹杂物的数量,特别是减少氧化物夹杂物的数量;二是改善夹杂物的形态和性质(提高塑性夹杂物的比例,最大限度地减少或消除 CaO 型的点状夹杂物)。降低氧化物夹杂的数量也就是降低了钢中的氧含量,改善夹杂物的性质和形态主要取决于精炼渣的化学成分。

瑞典 SKF 公司生产的轴承钢及其轴承,以其质量优异而闻名于世,究其原因在于生产方法。长期以来,SKF 公司采用酸性平炉生产轴承钢,一直延续到 20 世纪 70 年代后期。然而酸性平炉不能去除硫、磷等杂质,对原材料要求苛刻,且由于生产效率低、成本高等原因,SKF 公司从 60 年代中期开始研究碱性电弧炉精炼工艺,开发出 SKF-MR 法,取代了酸性平炉工艺。

如何保持碱性炼钢生产效率高的特点,而又改变碱性钢的性能,是国内外冶金工作者长期努力的方向,即既要降低钢中的氧含量,又要改善夹杂物的性质和形态。因此,轴承钢的炉外精炼,必须完成两项主要的任务[9]:一是减少夹杂物的数量,特别是减少氧化物夹杂物的数量;二是改善夹杂物的性质和形态(使塑性夹杂物所占的比例增加,减少或消除 CaO 型球形夹杂物)。降低氧化物夹杂物的数量也就是降低钢中的氧含量,改善夹杂物的性质和形态,则主要取决于精炼渣的化学成分。国内外生产实践证实,各种炉外精炼方法(真空的或非真空的),加强对钢液的搅拌,都能将氧含量降到很低的程度,氧化物夹杂物的数量(主要指 Al_2O_3 夹杂物的数量)大大减少。然而要降低 A 类夹杂物和 D 类夹杂物的数量则主要依赖于精炼渣的化学成分。

7.2.2.1 高碱度渣精炼

在研究钢液炉外精炼的脱硫、脱磷处理方法时,同时提高了高纯度钢的精炼效果。这时所使用的工业熔剂是 CaO 系,由于钢液用铝脱氧,实际上生成 CaO-Al_2O_3 系熔渣。CaO-Al_2O_3 系熔渣除 ESR 法外,以前在炼钢中几乎不用,可是近些年来,LF 精炼法率先使用这种炉渣精炼高纯度钢。文献[10]以 CaO-Al_2O_3 系熔渣在还原性气氛下使用,首先考虑脱硫反应，测定了 $CaO\text{-}Al_2O_3$ 系中溶解耐火材料的 $CaO\text{-}Al_2O_3\text{-}MgO$ 和混入炼钢炉渣的 $CaO\text{-}Al_2O_3\text{-}SiO_2$ 系熔渣的硫容量。

试验得出结论：硫容量与温度有关，温度越高，硫容量越大。渣中 CaO 浓度越大，硫容量越大，当 $N_{Al_2O_3}$ 一定时，$CaO\text{-}Al_2O_3$ 渣中的 CaO 用 MgO 置换，硫容量减小。用 SiO_2 置换 CaO，硫容量更加减小；当 $N_{CaO}/N_{Al_2O_3}$ 一定时，混入 MgO 也不减小 $CaO\text{-}Al_2O_3$ 渣系的脱硫能力。然而，宁可稍为增加一点 MgO，也不愿混入 SiO_2，因 SiO_2 大幅度降低脱硫能力。另外，在两个渣系的饱和组成下脱硫能力最大。

从文献得知[11]，日本各轴承钢生产厂家大都采用上述高碱度渣精炼，以山阳钢厂特殊钢取得令人瞩目的效果为代表，硫含量降低到 0.005% 以下，实际达到 0.002% ~ 0.003%，氧含量降到 $5.4\times10^{-4}\%$，甚至 $(3\sim4)\times10^{-4}\%$。表 7-2 为山阳钢厂 LF 炉精炼渣的化学成分。山阳工艺由于氧含量降到了很低的程度，B 类夹杂物几乎找不到了，然而 D 类夹杂物的含量却较高，平均达到 0.90 级。这是典型的从降低夹杂物的数量着手，而不是同时着眼于改善夹杂物的性质和形态。山阳工艺的特点是将初炼炉冶炼好的钢液置于 LF 精炼炉中，在高碱度（$R=(n_{CaO}+n_{MgO}-n_{Al_2O_3})/n_{SiO_2}=4.5$）渣下非真空加热，并吹氩搅拌 30~50min，再经 RH 真空循环脱气处理 20~30min。所以，含高 CaO 的精炼渣处理轴承钢液，带来两个主要的结果：一是脱硫效率高，钢中硫含量降到很低的程度；二是在精炼过程中 CaO 被还原，钢中含钙量增加，致使不变形的球状夹杂物含量升高。

表 7-2　山阳钢厂 LF 精炼渣的化学成分　　　　　　（%）

成分	CaO	SiO_2	Al_2O_3	MgO	MnO	TFe	Cr_2O_3	P_2O_5	CaF_2	S
含量	57.8	13.3	15.8	4.3	<0.1	0.6	<0.1	<0.1	7.8	1.1

7.2.2.2　低碱度渣精炼

选择配制一种适当成分的精炼渣，达到三个目的：（1）具有一定程度的脱硫能力，使轴承钢中的 A 类（硫化物）夹杂物的数量控制在一定范围之内；（2）具有吸收脱氧产物 Al_2O_3 夹杂物的能力，以便在精炼搅拌过程中最大限度地降低氧化物夹杂物的数量；（3）减少或消除含 CaO 的 D 类（球状）夹杂物。

高碱度渣精炼轴承钢，硫含量及 Al_2O_3 夹杂含量都降到了很低的程度，达到了上述前两个目的。然而，高碱度渣精炼轴承钢带来的后果使球状夹杂物出现率升高，没有达到第（3）个目的，低碱度渣精炼不能进一步降低钢中的硫含量，硫化物夹杂物的数量较高，基本上不出现单纯的 Al_2O_3 夹杂物，完全消除了球状夹杂物，或者说完全不含有 Ca、Mg 等不变形的硬质夹杂物。但由于氧含量较高，氧化物夹杂物（都是可以塑性变形的氧化物）的数量仍然较高。可以说低碱度渣精炼，第（3）个目的达到了，第（1）、（2）个目的没有完全达到。

近些年来，国内的科研院所和高校以及几个主要的轴承钢生产厂家，在精炼炉渣方面做了大量的试验研究工作。钢铁研究总院用悬浮熔炼法对轴承钢精炼渣进行单因素研究认为，精炼渣的组成对钢中氧含量产生影响。碱度 1.0~2.5 之间氧含量处于低水平，当 $R>$ 2.5 或 $R<1.0$ 时，氧含量都有升高的趋势。这与精炼渣的物理化学性质有关，当精炼渣的熔点低、流动性好时，吸收 Al_2O_3 夹杂物能力强（渣中 Al_2O_3 的活度值小），精炼效果便会增强。

大冶钢厂在把降低轴承钢夹杂物的数量与改善夹杂物的性质和形态两个方面结合起来所做的工作，取得了比较好的结果。这一方法被称为低碱度渣-吹氩精炼工艺，它具有两个特点：一是将精炼渣的化学成分调整到最佳范围，其目的在于改善夹杂物的性质和形态（同时也是为了控制 A 类夹杂物的数量）；二是在非真空状态下吹氩搅拌精炼，最大限度地降低钢中氧含量，即减少氧化物夹杂物的数量。

7.2.3 钢液中微量元素（Ca、Mg）的控制

从冶炼的角度看，评价轴承钢质量好坏的指标有两个[12]：一是夹杂物；二是碳化物。钢中的夹杂物破坏基体的连续性，恶化轴承钢的使用性能。而弥散、均匀分布的碳化物是轴承基体性能如硬度、强度、耐磨性和疲劳寿命必不可少的保证。据有关资料报道，微量的镁含量可以改善轴承钢的性能，随着镁含量的增加，其抗拉强度和疲劳强度都有所提高，塑性基本保持不变。当镁含量增加到 0.0025% 时，其屈服强度有一个最高值，此后随着镁含量的增加屈服强度有所降低。此外镁还能改善轴承钢中碳化物偏析，当镁含量增加到 0.0015% 时，轴承钢球化退火组织细小，碳化物均匀，碳化物偏析情况明显改善，基本上不出现碳化物液析。

钙在轴承钢中主要是以铝酸钙、硅铝酸钙、硫化钙等形式的夹杂物存在。这种夹杂物与其他夹杂物不同，热处理时既不变形，也不会破碎。在球形夹杂物两侧经常可以看到"孔穴"，此处较易造成应力裂纹。

在氧含量很低的轴承钢中，钙可部分替代硫化锰中的锰。富钙硫化物的韧性很差，同氧化物相似，起产生裂纹的作用。

对有些钢种而言，为了提高钢材的机械加工性能，并改善非金属夹杂物的形态与分布，在冶炼过程中有意向钢中加钙。但对轴承钢而言，残留钙不是有意添加的，来源于钢渣和与钢水接触的炉衬，轴承钢如果采用钙脱氧，钢中必将产生危害性极大的类球状夹杂物，使其疲劳寿命大幅度降低。因此，在很多国家的轴承钢标准中都规定（如瑞典 SKF、美国 ASTM 标准）等不能用 Ca 或 Ca-Si 脱氧。

在钢-渣界面会发生如下反应而使得钢中 Ca 含量增加：

$$(CaO) + [Al] === [Ca] + (Al_2O_3)$$
$$(CaO) + [C] === [Ca] + (CO)$$

以下条件加强了上述反应向右进行的可能性：

（1）过高的炉渣碱度；（2）钢液中铝含量过高；（3）高的温度；（4）渣中过低的 Al_2O_3 含量；（5）真空条件。

微量的 Mg 能改善镍基和铁基高温合金中碳化物的形态，能显著改善其性能。但是关于 Mg 对轴承钢碳化物的影响还没有人进行研究，估计微量的 Mg 能改善轴承钢中碳化物的形态及分布。

7.2.4 钢液中氮与钛的控制

钢中 Ti 与钢中氮或氧生成 Ti(C. N) 或 TiO_2 夹杂物，对轴承钢的疲劳寿命造成较大危害，如图 7-5 所示。因为 Ti(C. N) 是一种脆而硬的夹杂物，它对钢的疲劳寿命特别有害，在夹杂物尺寸相同的条件下，其危害作用大于 Al_2O_3 夹杂物。

实践证明，当钢中钛含量超过 $(30 \sim 50) \times 10^{-6}$ 时，轴承的疲劳寿命明显降低。因此，国外轴承钢生产通常要求控制钢中残余的 $w[\mathrm{Ti}] \leqslant 50 \times 10^{-6}$。对于用电炉法生产轴承钢，由于钢中氮含量高，则要求更严格地控制钢中残钛。

关于降低钢中氮化钛的问题，目前存在着两种意见。大多数认为[13]，由于现在普遍采用超高功率电弧炉生产轴承钢，钢中氮含量较高，一般在 $(60 \sim 120) \times 10^{-6}$ 之间。只有通过降低

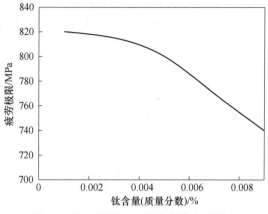

图 7-5　钛含量对 GCr15 疲劳寿命的影响

钛含量，才能达到减少氮化钛的目的。另一种观点认为，要将钢中钛含量降到较低水平，付出的代价太大，因为在目前的操作情况下，在精炼炉内，只能选用含钛低的昂贵铬铁加入，因为含铬轴承钢中钛的主要来源是铬铁合金，降低钢中氮含量可能比降低钛含量容易些、经济一些、因此，可以通过降低氮含量达到相同的目的。

总之，为了提高轴承钢质量，应尽量将钢中的钛含量和氮含量降低，减小其形成氮化钛夹杂物的可能性。

7.2.5　钢中氢含量的控制

氢属间隙元素，可溶于液态钢中，但在固态下溶解度很小。随着结晶，氢在钢中的溶解度急剧降低，填充到非金属夹杂物和其他结构缺陷所造成的亚显微孔隙或在位错中。在亚显微孔隙中聚集产生极大的压力，如果压力超过钢的极限强度，就会发生内裂，形成白点缺陷，破坏钢基体的连续性，使轴承在使用过程中发生突发性事故。

钢液中脱氢反应如下：

$$[\mathrm{H}] \Longrightarrow 1/2\{\mathrm{H_2}\}$$

$$K_{\mathrm{H}} = \sqrt{p_{\mathrm{H_2}}}\big/[\mathrm{H}]$$

$$[\mathrm{H}] = \sqrt{p_{\mathrm{H_2}}}\big/K_{\mathrm{H}}$$

由以上可知要降低钢液中氢含量，则需要采取以下措施：（1）所有原料干燥；（2）采取真空处理；（3）加快反应速度，如加强搅拌、扩大反应面积等。

由于 RH 优异的脱气效果，国外一般采用 RH 炉进行真空处理，在国内轴承钢生产过程中，一般采用 VD 炉精炼工艺脱气。VD 流程中，对于 GCr15 来讲，在 $p \leqslant 67\mathrm{Pa}$、处理时间 10min 情况下，钢液中 $[\mathrm{H}]$ 可达 2.5×10^{-6} 以下。

7.2.6　钢中硫含量的控制

硫对轴承钢质量的影响，有三种不同观点：

（1）钢中硫化物夹杂物是有益的。因为硫化物夹杂物通常为塑性夹杂物，对钢材的疲劳寿命影响不大。当硫化物包覆在氧化物夹杂物表面时，可增加氧化物夹杂物的塑性，

减轻氧化物夹杂物的危害，北美轴承钢生产厂家多数根据这一理论指导轴承钢生产。并认为钢中最佳硫含量与钢中含氧量有一定关系：$0.21(\sqrt{[O]\%} - 0.003)\% \leqslant [S]\% \leqslant 0.21(\sqrt{[O]\%} + 0.007)\%$。

（2）钢中硫化物夹杂物是有害的。日本学者多数持这一意见，认为钢中氧含量越低，硫化物的危害就越大。因为硫易于偏析，即使钢中硫含量不高，但硫化物的级别并不一定很低。如日本山阳特殊钢厂，控制钢中 $w[S] \leqslant 0.002\%$ 时，硫化物的评级为 1.34。

（3）硫含量对钢的疲劳寿命影响不大。

7.2.7　钢中碳化物缺陷的控制

钢中碳化物组织均匀性对轴承钢疲劳寿命有很大影响。长期以来，国内外对轴承钢碳化物不均匀对疲劳寿命的影响及如何消除和减轻做了很多工作。轴承钢碳化物不均匀性从宏观上主要表现为中心增碳，这是属于宏观化学成分偏析的范围，在显微组织上根据其形态分布及形成原因的不同，可分为碳化物液析、带状碳化物和网状碳化物[14]。

7.2.7.1　碳化物液析的影响

碳化物液析产生的主要原因是由于钢液过热浇铸温度偏高，钢锭冷凝速度偏慢导致严重的枝晶偏析。液相中的碳及合金元素密集，铬降低碳在奥氏体中的最大溶解度，使得钢液局部区域达到共晶浓度，形成亚稳莱氏共晶体，这种偏析称为液析。钢中的碳化物液析沿轧制方向呈现不规则的角状破碎小片，具有高硬度和脆性，它使得轴承零件在热处理过程中容易产生淬火裂纹，在使用过程中，表面碳化物容易剥落成为磨损起源，显著降低轴承钢的耐磨性，而处于内部的碳化物可能成为疲劳裂纹源。

7.2.7.2　带状碳化物的影响

碳化物带状是钢锭或铸坯在凝固过程中形成的结晶偏析，经压力加工延伸成碳化物富集带，大型钢锭及铸坯凝固过程缓慢的区域富集合金元素及硫、磷等杂质，也是非金属夹杂物和碳化物最为聚集的地方。在随后的热加工和冷凝过程中碳化物、碳化物富集区析出大量的二次碳化物，形成碳化物带状组织。带状碳化物基本组织都是马氏体，贫碳带出现针状马氏体，高碳带出现隐晶马氏体。带状碳化物偏析处合金元素总量较高，严重带状碳化物导致碳化物颗粒粗化分布不均匀，在球化退火过程中将进一步恶化而使淬火后组织差别较大，硬度不均匀。

7.2.7.3　网状碳化物的影响

网状碳化物是在热加工后，钢材冷却过程中，由于碳在奥氏体中溶解度减少，沿着奥氏体晶粒边界析出的网状过剩碳化物，其形成与加工制度和钢锭或铸坯的原始碳化物偏析程度密切相关，停锻停轧温度过高及随后的冷却速度缓慢，使钢中碳化物网状的连续性和粗大程度严重增加。钢锭原始碳化物偏析度大，热加工前又未经均匀处理，同样会提高网状碳化物的严重程度。随着网状级别的增加，接触疲劳强度降低。

总之，轴承钢中的碳化物不均匀性实质上是钢液在冷却过程中宏观和微观偏析的结果，三者之中以碳化物液析最为有害，虽然碳化物液析在本质上和成因上与非金属夹杂物截然不同，就其危害而言，甚至把碳化物液析归并到夹杂物的检验范畴。

7.3　典型冶炼工艺

7.3.1　国外轴承钢典型冶炼工艺

7.3.1.1　日本主要生产厂家冶炼工艺

日本山阳特殊钢厂在 1964 年引入钢桶脱气设备，使氧含量从原来的 30×10^{-6} 迅速降低到 15×10^{-6}，但在后来的生产中，认为用惰性气体搅拌，高碱度渣操作，真空度为 66.7Pa（0.5Torr）的情况下，要进一步降低氧含量效果并不十分明显。因此，在 1968 年引入 RH 装置，很快在 70 年代初使钢中的氧含量达到 10×10^{-6}，以后进一步达到 8.3×10^{-6}。在 70 年代末期，将模铸改成了连铸，使得氧含量为 5.8×10^{-6}。在近年来又将原来的倾动式电炉改造成偏心炉底设备，氧含量由 5.8×10^{-6} 降为 5.4×10^{-6}。所以现在这个厂已形成的工艺为：偏心底出钢电炉—LF—RH—CC 的轴承钢生产线。

主要操作要点为：钢水氧化状态下偏心炉底出钢；在 LF 炉精炼过程中，采用高碱度操作，钢液温度为 1520~1570℃，处理时间 30~50min；在 RH 操作过程中，做到真空室内不进渣，真空度达到 13.33Pa，采用全封闭连铸[15]。除山阳钢厂，日本还有几家轴承钢生产厂家值得重视，如住友、神户和爱知等。

日本住友公司在世界上首先开发利用杂质少的铁水经转炉吹炼生产轴承钢的生产工艺。生产工艺流程如图 7-6 所示。

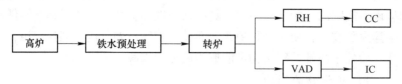

图 7-6　日本住友公司轴承钢生产工艺流程

主要工艺特点：铁水脱硫预处理 $w[\mathrm{S}] \leqslant 0.003\%$；转炉进行钢水"三脱"预处理，$w[\mathrm{P}] \leqslant 0.010\%$；转炉少渣冶炼，Cr 矿熔融还原，吹 $\mathrm{O_2}$ 脱 Ti；转炉高碳出钢，$w[\mathrm{C}] \geqslant 0.6\%$；挡渣出钢，加 Al 深脱氧；RH 轻处理脱气；吹 Ar 弱搅拌上浮夹杂物。

产品质量：$\mathrm{T}[\mathrm{O}] \leqslant 9.0 \times 10^{-6}$，$w[\mathrm{Ti}] \leqslant 15 \times 10^{-6}$。

神户钢厂采用如下工艺：高炉—转炉—除渣—VAD—EMS（电磁搅拌）—CC。

对精炼渣的要求是：$w(\mathrm{FeO + MnO}) < 1.0\%$；$w(\mathrm{CaO})/w(\mathrm{SiO})_2 > 3$；精炼炉耐火材料除了渣线用镁碳砖外，其余均为高铝砖。搅拌功率为 121W/t；VAD 和 EMS 处理时间大于 15min；钢中铝含量控制在 0.016%~0.024%。这样，可使得氧含量为 6.3×10^{-6}，硫含量达到 0.002% 的水平。

爱知钢厂的轴承钢生产工艺为：80tEF—VSC—LF—RH—CC。

在 LF 中，炉渣碱度 $w(\mathrm{CaO + MgO})/w(\mathrm{SiO_2}) > 2.85$，搅拌功率 100~200W/t，要求 $w(\mathrm{TFe + MnO}) < 0.8\%$。这个厂的轴承钢氧含量小于 0.0007%。

7.3.1.2　瑞典 SKF 公司冶炼工艺

在 20 世纪 60 年代和 70 年代早期，由瑞典 SKF 钢厂开发了冶炼高质量电炉钢的 SKF-MR（熔化和精炼）工艺。这种工艺主要分为两个阶段：首先在 SKF 双壳炉中在氧化条件下快速熔化；然后在 ASEA-SKF 炉中在还原条件下进行精炼。精炼过程为：先用 Fe-Si 进行预脱氧，然后扒渣，再加铝进一步脱氧，以后是脱硫和真空脱气，整个过程伴随着感应搅拌。这个公司所达到的平均氧含量为 0.001%，处于国际领先水平。

7.3.1.3 德国主要轴承钢生产厂家工艺

德国蒂森公司是欧洲的主要轴承钢生产厂家之一，年产轴承钢 16 万吨。其不同的轴承钢生产工艺路线为：

（1）EAF（110t）熔池搅拌、偏心底出钢—钢桶脱气和精炼—模铸；

（2）高炉—140tTBM—RH 脱气和精炼--连铸（或模铸）。

在（1）中，钢桶处理采用真空碳脱氧，在处理终了时，在真空下铝脱氧，最后用平稳的氩气清洗以去除脱氧产物。对于（2），采用无渣出钢，在出钢过程中，进行合金化，脱氧剂一次加足，出钢后，钢液分成两步：RH 真空脱气，使氢小于 0.0002%，同时按标准合金化，在白云石衬钢桶中在规定渣下弱搅拌处理。（1）和（2）中都配有喂线装置，可以加钙、铝等。采用这两种工艺生产的轴承钢氧含量都在 0.0006% ~ 0.001% 之间。

克虏伯钢铁公司的 Siegen-Geiweid 生产高级钢的情况。这个厂在 1978 年采用了如下工艺：

$$EAF—VD—CC$$

在 1983 年又增加了 LF 和喂线工艺（FT）：

$$EAF—VD—LF—FT—CC$$

在 1986 年又增加了 RH 设备：

$$EAF—LF—RH—FT—CC$$

试验结果表明：通过增加 RH 设备，使得轴承钢氧含量降低了 26%。

7.3.2 国内主要轴承钢生产工艺

在我国轴承钢先进生产厂家（莱钢、上钢五厂、抚顺特钢、大冶钢厂和兴澄钢厂等）的生产工艺大致有两种[3]：

（1）EAF—LF—VD—CC（或模铸）；

（2）EAF—LFV—CC（或模铸）。

如莱钢采用 UHP—LF—VD—CC 生产工艺生产轴承钢，通过以下工艺控制可使氧含量控制在 0.0009% 以下：高温无渣出钢，出钢温度在 1640 ~ 1650℃ 之间，进行钢包合金化，使用符合工艺要求的精炼合成渣重新造渣，Mn 按规格下限调整；精炼炉采用高碱度渣，控制 $w[Al]$ = 0.015% ~ 0.030%，白渣保持时间大于 20min，适应工艺和生产节奏要求，精炼时间控制在 35 ~ 50min，出钢温度在 1580 ~ 1640℃ 之间；入 VD 炉处理前降低炉渣碱度，努力提高 VD 炉真空度，压力达到 67Pa 以下，保持时间大于 15min；连铸工序实行全过程保护浇铸，采用轴承钢专用保护渣。

我国轴承钢的质量与世界先进国家的水平还存在一定的差距，一般领先水平氧含量平均在 0.001% 以下，但并不稳定。

7.3.3 电渣重熔（ESR）工艺

对一些有特殊要求的轴承钢，一般精炼方法无法满足其对质量的要求，可以采用电渣重熔精炼技术对铸坯或钢锭进行重熔[16]。采用电渣重熔，氧含量偏高，但在控制夹杂物形态、尺寸和分布方面却优于精炼。

电渣重熔是把用一般冶炼方法制成的钢进行再精炼的冶金工艺。传统的电渣重熔基本原理如图 7-7 所示。通过向铜制的水冷结晶器加入固态或液态的炉渣，将自耗电极的一部分插入到其中，自耗电极、渣池、金属熔池、钢锭和底部水箱通过短网导线与变压器会形成供电回路，将电流从变压器输出并通过渣池。由于熔渣存在一定的电阻，渣池会不断地放出电阻热，当液态熔渣温度大于金属自耗电极的熔点时，自耗电极便开始熔化。熔融金属在重力、浮力及电磁力等的综合作用下，在电极端部集聚形成熔滴脱落，进而

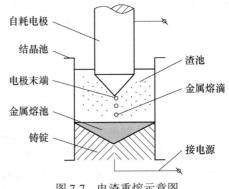

图 7-7　电渣重熔示意图

穿过渣池进入金属熔池，在水冷结晶器的强制冷却作用下，液态金属会逐渐凝固形成铸锭。金属熔滴的形成和滴落过程会与熔渣充分地接触并发生一系列的物理化学反应，从而为去除金属中有害的杂质元素和夹杂物创造了条件。

参 考 文 献

[1] 王超，袁守谦，陈列，等. GCr15 轴承钢冶炼工艺优化 [J]. 炼钢，2009，25（4）：20~22.

[2] 王立君，周艳丽，叶黎华. 莱钢低氧轴承钢冶炼工艺分析 [J]. 钢铁，2006，41（2）：209~211.

[3] 钢铁材料手册总编辑委员会. 钢铁材料手册（第九卷）轴承钢 [M]. 北京：中国标准出版社，2001.

[4] 林国用，郑灿舜，史哲. 精炼高碳铬轴承钢脱氧工艺研究 [J]. 钢铁，1995，30（5）：15~18.

[5] 傅杰，马廷温，王平，等. 特殊钢冶炼技术的近期进展 [J]. 钢铁研究学报，1996，8（6）：47~51.

[6] 龚伟. 连铸轴承钢氧含量和夹杂物控制研究 [D]. 沈阳：东北大学，2006：11~12.

[7] M. N. 维诺格拉德. 滚珠轴承钢中的非金属夹杂物（中译本）[M]. 北京：重工业出版社，1956.

[8] 吕富阳. 轴承钢的疲劳寿命与夹杂物的评定 [M]. 北京：冶金工业出版社，1988.

[9] Yoon B H, Heo K H, Kim J S. Improvement of steel cleanliness by controlling slag composition [J]. Iron-making and Steelmaking, 2003, 30（2）：51~59.

[10] 刘宇雁. 炉渣碱度对车辆用轴承钢非金属夹杂物形貌的影响 [J]. 包头钢铁学院学报，1998，17（3）：221~224.

[11] 李正邦. 超洁净钢的新进展 [J]. 材料与冶金学报，2002，1（3）：161~165.

[12] 陆利明，壮云乾，蒋国昌. 高氮钢的研究和发展 [J]. 特殊钢，1995，17（3）：1~5.

[13] 王治钧，袁守谦，姚成功. 轴承钢冶炼工艺的对比与浅析 [J]. 金属材料与冶金工程，2011，39（3）：58~62.

[14] 张鉴. 炉外精炼理论与实践 [M]. 北京：冶金工业出版社，1993.

[15] 傅杰. 第二代大型锭电渣冶金技术的发展 [J]. 中国冶金，2010，20（5）：1~4.

8 汽 车 板

从 1957 年中国第一辆汽车下线开始，我国的汽车工业在 20 世纪中期经历了漫长的发展过程。1958 年汽车产量仅为 1 万辆，1992 年突破 100 万辆。进入 2000 年以来，我国汽车工业呈现出较快发展趋势，2005 年我国的汽车产量达到 570 万辆。根据中汽协会的统计，2011 年全国汽车产销分别为 1448.53 万辆和 1447.24 万辆，同比分别增长 4.23% 和 5.19%。中国汽车产销连续第三年全球第一[1]。

汽车用材料的 70%~80% 是钢铁材料，在一定程度上代表了一个国家的钢铁工业水平。我国在汽车技术水平方面，已经和发达国家同步。随着汽车工业的不断发展，对优质汽车用钢的要求越来越高，需求也越来越高。因此，紧跟汽车工业的最新发展趋势，研究出新一代汽车用钢，必将成为我国钢铁工业应用基础研究的重要发展方向。

汽车用钢的品种构成一般为：钢板约占 50% 以上、优质钢（轴承钢等特殊钢）占 30%、型钢占 6%、带钢占 6.5%、钢管占 3%、金属制品及其他占 1%。其中板材，即薄板和中板，主要用来制造车身、驾驶室、车厢等一些零部件；另一类碳素结构钢或合金结构钢，主要用来制造汽车及发动机的关键零件，如齿轮、各类轴承、弹簧等。

各类汽车板是汽车用钢的主要品种[2]，根据脱氧方式不同，可分为沸腾钢、镇静钢和半镇静钢；根据钢种与合金成分，可分为低碳钢、低合金高强度钢、加磷钢、超低碳无间隙原子钢（IF 钢）等；根据强度级别，可分为普通强度级和高强度级别；根据冲压级别，可分为商品级（CQ）、普通冲压级（DQ）、深冲压级（DDQ）和超深冲级（EDDQ）；根据汽车板表面质量要求的不同，可分为表面无缺陷钢板（05）和内板（03），表 8-1 给出了 IF 钢板的一些应用实例。

表 8-1　IF 钢板的应用实例

级　别	汽车暴露件	汽车非暴露件	其　他
CQ 级	车顶、外门、外挡板	内板、横梁	音频设备、室内泵
DQ 级	后驱、车顶	尾端板、燃料箱	发动机盖、音响座架
DDQ 级	后驱、正挡板	后驱、挡泥板	发动机盖
EDDQ 级	外挡板、前保护板	内轮箱	

研发和推广更轻质、更高强度的汽车钢板已成为近年来钢铁企业的新焦点。随着汽车工业的发展，汽车产品的节能、环保和轻量化等性能成为重要的评价标准。近几年来，国内轿车生产对高强度汽车用钢、表面处理钢板和低碳超深冲钢板的需求量逐渐增加，对钢板表面质量、结构钢纯净度和性能均匀度要求更高。采用薄规格超高强度汽车板能够有效降低燃料消耗、减少废气排放、增强安全性，是现代汽车板重点发展的趋势之一。

8.1　汽车板的性能和用途

常规车中各种钢材在汽车总重中所占比例为 70% 左右，其中钢板约 50% 以上、优质钢（齿轮钢、轴承钢、弹簧钢等）占 30%、型钢占 6%、带钢占 3%、金属制品及其他占 1%。

8.1.1　汽车板的性能要求

汽车轻量化和安全性对汽车用钢的性能提出了新的、较高的要求，具体有以下 6 个方面[3]：

（1）优良的成型性能。板材良好的成型性是对汽车板的基本要求。成型性是指板材可承受不同的应变状态或不同载荷状态成型而不破裂的能力、较高的变形协调能力和良好的厚度方向的异性度。不同的汽车构件，有不同的成型性能要求。为满足不同构件，特别是高强度钢成型性能要求，开发了高强度 IF 钢、各类先进高强度钢及组织强化钢。

（2）在保证塑性、延性指标的同时，提高强度降低冲压件质量。高强度高成型性是先进汽车钢板的一个突出特点，与汽车减重、节能及保证安全紧密相关。采用高强度钢板制造汽车车身可使自车身减重 5%~20%。假设车身用钢板厚度相同，那么车身钢板厚度减少 0.05mm、0.10mm、0.15mm，将分别使车身减重 11kg（6%）、22 kg（12%）、33kg（18%），因而降低车身用板厚度是汽车减重的重要方向。车身用钢板厚度的减薄量可用拇指法则进行估算。近年来日本产汽车高强度钢板使用率超过 40%，在超轻钢车身先进概念车 ULSAB-AVC 中，车身上应用各类高中强度钢达到 100%，从而使汽车车身由 270kg 减至 214kg，成本下降，并符合 2004 年安全法规。此外，车身减重将引起悬挂系统、制动装置和传动系统的减重，从而产生二次减重效应。二次减重效应将提高功率输出特性，并使汽车的驾驶和制动性也得到改进。

（3）良好的表面状态和形貌、严格的尺寸精度。目前，汽车外覆盖件采用完全无缺陷表面钢板，即 O5 板，同时规定了钢板表面形貌、粗糙度及峰值数。为此，开发了轧辊的各种表面处理技术，如喷丸毛化、激光毛化、电火花毛化、电子束毛等处理技术，以得到理想的板材表面形貌，改善薄板成形中的摩擦性能，同时使最终的构件表面更光洁美观。目前的研究表明，采用激光毛化和电子束毛化技术处理的辊，钢板表面状态性能较优，同时还有利于改善油漆涂层的附着性能、涂镀层长期的保护作用和光洁美观的效果。

（4）良好的连接性能和保型性能。连接性能主要是指焊接性能，保型性能主要是指抗回弹等能力。对于在自动生产线上生产的构件，这些性能十分重要，主要保证了构件的牢固连接、自动加工过程的通畅。

（5）抗时效性稳定性和油漆烘烤硬化性。在钢板冲压前，均需运输、储存和剪切、加工，因此要求汽车板具有抗时效性稳定性，以使钢板保持较好的冲压成形性，避免冲压变形时零件表面发生起皱或其他表面缺陷。但随后油漆时，冲压件应具有足够的烘烤硬化性，以提高覆盖件的抗凹性。

（6）耐蚀性。扩大涂镀层钢板的应用，同时提高涂镀层钢板的质量，特别是提高合金镀层板的生产技术和质量，以在较薄的钢板合金镀层下，提升防腐抗力和焊接的工艺性能。

对汽车板的要求：

（1）汽车板的质量要求为：

1）成分合理、均匀。通过炼铁、炼钢过程对铁水、钢水成分控制，使 S、P、N、O、H 质量分数的总量低于 $1.0×10^{-4}$，低碳或超低碳的碳质量分数低于 $1.0×10^{-5}$，微合金化元素的质量分数控制在 0.02% 以内；

2）为保证优质高强度钢板的综合性能，热轧板带加工应采取控制冷却技术；

3）为保证冷轧产品的力学性能均匀，冷轧板的退火工艺要求严格；

4）镀层钢板应有良好的耐腐蚀性，如耐表面锈蚀能力、耐穿孔锈蚀能力。

（2）汽车板工艺性能要求为：良好的成型性能（大件冲压流线型）、良好的焊接性能、良好的喷涂性（喷漆处理）、高强性能（抵抗外力冲击）、足够的抗凹陷性及刚度（吸收冲撞能量）。

（3）汽车板表面质量要求：表面无缺陷；良好的表面清洁性；适当的粗糙度，最好在 $Ra = 0.6 \sim 1.5 \mu m$。

（4）汽车板尺寸精度要求：厚度精度高（厚度为 0.8mm、宽度为 1500mm 的冷轧汽车板，要求在 3000m 长度上的头尾厚度公差不得超过 $20\mu m$，中部厚度不得超过 $7\mu m$），板形良好，耐腐蚀性好。

8.1.2 典型钢种及其特点

8.1.2.1 无间隙原子钢

无间隙原子钢又称 IF（interstitial free）钢，IF 钢在成分上的特点是碳含量超低和微合金化，加入 Ti 和 Nb 之后，形成 Ti 和 Nb 的 C、N 化合物，钢中基本无 C、N 间隙原子，钢质洁净，使 IF 钢具有优越的深冲性能[2]。

以 IF 钢为基础发展起来的深冲热镀锌 IF 钢板、深冲高强度 IF 钢板、深冲高强度烘烤硬化 IF 钢板（bake hardening steel，BH 钢）等系列，其所具备的易于成型的深冲性能使 IF 钢广泛应用于汽车外板、内板的制造。

IF 钢按冲压级别可分为 CQ 商用级（伸长率 36%~43%）、DQ 普通冲压级（伸长率 42%~47%）、DDQ 深冲压级（伸长率 43%~49%）、EDDQ 特深冲压级（伸长率 47%~53%）、Super-ED-DQ 超深冲压级（伸长率 52%~58%）。

IF 钢经典工艺流程：铁水预处理→转炉冶炼→RH 真空处理→连铸→热轧→冷轧→退火（热镀锌）。

热轧后的 IF 钢一般要再经冷轧进一步减薄厚度以利使用，冷轧后的 IF 钢可以经过三种方式完成再结晶过程：连续热镀锌、连续退火、罩式退火。其中经过连续热镀锌或连续退火生产的 IF 钢表面质量更好、性能更均匀，见表 8-2。

表 8-2 IF 钢生产各工序控制目标及性能的相关程度

工序	控 制 目 标	对最终性能的影响度
冶炼	超低碳，微合金化，钢质纯净	最大
热轧	细小均匀的铁素体晶粒，粗大稀疏的二相析出粒子	较大
冷轧	大的变形率	小

工　序	控　制　目　标	对最终性能的影响度
退火	粗大的再结晶铁素体晶粒，{111} 再结晶织构	很大
热镀锌	粗大的再结晶铁素体晶粒，{111} 再结晶织构	很大

8.1.2.2　超低碳烘烤硬化钢

超低碳烘烤硬化钢又称 BH（back hardening）钢，是一种具有优良的深冲性能和高的烘烤性能的汽车用钢板。汽车制造完成后，要求各部件具有高的屈服应力和强度，以提高汽车覆盖件的抗凹性能。然后钢板的成型性和抗凹陷性是一对矛盾，高强度钢板冲压成型性能差，加工时容易起皱，加工后容易回弹。BH 钢板在冲压成型前强度较低，在经过冲压成型和烘烤后，其屈服强度增加（一部分是加工硬化造成的，另一部分是烘烤硬化引起的），抗凹陷性加强，这些特性使 BH 钢板特别适合于汽车外板减薄加工。BH 钢板之所以有烘烤硬化特性是固溶强化作用的结果，在汽车板冲压、涂漆烘烤过程中，BH 钢中固溶的碳、氮原子对由于形变诱发的位错有钉扎作用，导致屈服强度增高。烘烤硬化值（BH 值）是衡量 BH 钢板烘烤硬化特性的指标，BH 值指 BH 钢经过预变形、烘烤后屈服强度的提高值。汽车制造用的烘烤硬化钢板的 BH 值通常要达到 40MPa。过高的 BH 值自然生效差，过低的 BH 值抗凹陷性差。

适于生产 BH 钢的钢种主要有加磷的铝镇静钢、超低碳加磷铝镇静钢、超低碳加铌或钛铝镇静钢。

BH 钢工艺流程：铁水预处理→转炉冶炼→炉外精炼→连铸→均热炉（或加热炉）→粗轧→精轧→层流冷却（低温 ≤ 550℃）→卷取→酸洗→冷轧→连续退火（或罩式炉退火）→平整。

8.1.2.3　相变诱发塑性钢

相变诱发塑性钢又称 TRIP（transformation induced plasticity）钢，是近年来为满足汽车工业对高强度、高塑性新型钢板的需求而开发的，是由铁素体、贝氏体、残余奥氏体组成的，也称 TDP 钢板、三相钢或复合钢[4]。在对 TRIP 钢进行进一步的加工变形之际，当变形累积至临界变形时，钢中的残余奥氏体开始逐渐向马氏体转变，随着变形程度的增加，钢中残余奥氏体逐渐全部转变为马氏体，从而使 TRIP 钢达到最强的相变强化效果。TRIP 钢的常温组织大致由 50%~60% 的铁素体、25%~40% 的贝氏体（或少量马氏体）及 5%~15% 残余奥氏体组成。其成分特征是低碳、低合金化、钢质纯净。由于 TRIP 钢表现出的优越力学性能、良好成型性能和能量吸收能力，使 TRIP 钢板成为汽车制造中的最佳材料，派以重要用途，如制作汽车的挡板、底盘部件、车轮轮辋、车门冲击梁等。按生产工艺的不同，TRIP 钢可分为热处理型冷轧 TRIP 钢板和热轧型热轧 TRIP 钢板。热处理型冷轧 TRIP 钢板是采用临界加热、下贝氏体等温淬火的工艺方法来获取 TRIP 所需的大量残余奥氏体，而热轧型热轧 TRIP 钢板是通过控制轧制和控制冷却来获得大量的残余奥氏体。

8.1.2.4　孪生诱发塑性钢

孪生诱发塑性钢又称 TWIP（twinning induced plasticity）钢，是具备高强度、高塑性指标的汽车用钢。这种新的钢种主要用于轿车车身的结构部件和底盘。因其具有较高的强度和成型性，使用后可使汽车的重量减少 20% 以上。TWIP 钢属高锰钢系列，其化学成分主要是 Fe，通常需要添加 25%～30% 的 Mn（也有添加到 55% 的）和少量 Al 和 Si，也有再加入少量的 Ni、V、Mo、Cu、Ti 、Nb 等元素。TWIP 钢室温下的组织是稳定的残余奥氏体，在无外载荷情况下使用，其组织具有稳定性。但是如果施加一定的外部载荷，由于应变诱导产生机械孪晶，会产生大的无颈缩延伸，显示非常优异的力学性能。如高的应变硬化率、高的塑性值和高的强度。TWIP 钢强度最高可以达到 800MPa 以上，伸长率最高可达到 60%～95%，还具有高的耐冲击性能。

8.1.2.5 双相钢（铁素体-马氏体型）

双相钢（铁素体-马氏体型）又称 DP（dual-phase steel）钢，是由低碳钢和低碳低合金钢经临界区处理或控制轧制而得到的，它的室温组织是由软相（铁素体）和硬相（通常是马氏体）组成，其中马氏体的体积分数小于 20%。软的铁素体相通常是连续的，赋予该钢优良的塑性，当它变形时，其变形是集中在低强度的铁素体相，因而这种钢显示出很高的加工硬化率，是一种强度高、成型性好的新型冲压用钢。在 DP 钢中的铁素体基础上，均匀分布的马氏体岛对铁素体具有细化晶粒、晶界强化、第二相弥散化、亚晶结构等强韧性作用，因此具有高强度、高韧性和高的硬化率等力学性能方面的优势，具有良好的抗疲劳性能和抗应力腐蚀性能，具有良好的焊接性能。DP 钢在化学成分上的主要特点是低碳低合金，主要合金元素以 Si、Mn 为主，另外根据生产工艺及使用要求不同，有的还加入适量的 Cr、Mo、V 元素，组成了以 Si-Mn 系、Mn-Mo 系、Mn-Si-Cr-Mo 系、Si-Mn-Cr-V 系为主的双相钢系列，其合理的化学成分范围是：0.04%～0.07%C、0.8%～1.0%Mn、1.2%～1.5%Si、0.4%～0.5%Cr、0.33%～0.38%Mo、0.02%Al，以及尽可能低的 S、P 含量。

DP 钢的强度主要级别有 270、300、340、380、420、500、550、780MPa，屈强比值在 0.5 左右。DP 钢的生产方法主要有热轧法和热处理法。热轧法是将热轧钢材的终轧温度控制在两相区的某一范围，然后快速冷却，最终得到符合体积分数比的双相组织；热处理法是将热轧后的板带重新加热到两相区并保温一段时间，然后以一定的速度冷却，得到规定体积比的铁素体加马氏体双相组织。DP 钢适合用于加工各种形状复杂、成型困难、强度要求高的产品，主要用来冲制轿车车体的纵横梁、保险杠、车门内外板、车体后盖板、车顶面板、车体各种框架、轮辋、轮辐、控制臂及各种安全零件等，可使汽车冲压件总重量减轻 30%，是汽车制造中使用最多的一种钢板，如图 8-1 和图 8-2 所示。

图 8-1　宝钢汽车板生产线

图 8-2　高档轿车面板

8.1.3　汽车板用钢的牌号

常用汽车板用钢的牌号对照见表 8-3。

表 8-3　常用汽车板用钢的牌号对照

品种	主要牌号	规　格	标　准	用途及涟钢产品特点
热轧汽车用钢	LG510L（510L） LG550L、LG590L LG610L	（2.5~12.7）× （1000~1570）	GB/T3273—2005 或技术协议	主要用于制作汽车纵梁、横梁、车轮等；具有良好的冲压性能和较好的强度
	SAPH310、 SAPH370 SAPH400、 SAPH440	（1.5~12.7）× （1000~1570）	JIS 3113 或技术协议	主要用于汽车车轮、横梁、结构件等；具有良好的综合性能，表面质量、板形好、尺寸精度高；具有良好的加工成型性能与冲压性
	S355MC、S420MC、 S460MC、S500MC、 S550MC、S600MC、 S700MC （HR355F~HR700F）	（2.0~12.7）× （1000~1570）	EN_10149 或技术协议	主要用于汽车结构、车轮等，特别适于内部结构件，如地面连接件、底盘部件、强化件、横梁、纵梁等；强度高，具有较好的综合力学性能、焊接性能好、尺寸精度较高
	DP540 DP600（DP590）	（2.0~6.0）× （1000~1570）	技术协议	主要用于汽车大梁、汽车轮辋、轮辐、复杂结构件、座椅导轨、减振罩、紧固件等；具有较高的强度和良好的成型性能，适合复杂变形。

通用命名方式：与欧标相同，牌号的第一位代表钢的大类，D—冲压，H—高强度钢。

（1）对于 D 类钢，第二位代表钢的基材，C—冷轧，X—冷轧或热轧。第三、四位代表冲压级别，数字越高，冲压性能越好。第五位 D 代表热镀层钢板，第六位+号后面的字母代表热镀层种类：+Z—热镀锌，+ZF—合金化热镀锌。

（2）对于 H 类钢，第二至四位代表钢板屈服强度的最小值（MPa），第五位（和第六位，仅对高强度低合金钢和双相钢）为钢种类型：Y—IF 钢，LA—高强度低合金钢，B—

烘烤硬化钢，DP—双相钢，T—TRIP 钢。第六位（第七位）D 及以后各位符号代表意义与 D 类钢相同。

8.2　汽车板用钢的冶炼工艺

8.2.1　宝钢 IF 钢生产工艺

以宝钢生产 IF 钢为例[6~8]，系统阐述汽车板用钢的生产工艺及关键控制技术。

以 IF 钢为代表的汽车板在汽车工业中得到了广泛应用，IF 钢的典型性能是无时效和良好的深冲性能，其成分和生产工艺特点是超低 C 和 N（0.004% 以下）和大的冷轧压下率等，对于 IF 钢，要获得成品钢材的高延展性、高 r 值以及优良的表面性能，要求钢种碳、氮、氧含量尽可能低。经过多年来的技术攻关，宝钢的 IF 刚 C 和 N 的控制水平已经达到了国际先进水平（0.002% 以下），冲压性能从 CQ 到 SEDDQ 均可批量生产。不但可以生产 IF 软钢，而且还可以生产强度达到 440MPa 的高强度 IF 钢。IF 钢系列的钢板主要用于汽车的内外板和一些深冲性能要求高的零件。IF 钢的炼钢生产工艺流程：铁水预处理—转炉—炉外精炼—板坯连铸—精整。

8.2.1.1　铁水预处理

一般来讲，硫和磷在钢中作为有害元素在炼钢过程中应尽可能地去除，特别是一些可焊接性能要求高的高强度钢板对硫磷的要求更加严格，宝钢主要通过在铁水预处理工序对铁水进行脱硫、脱磷和脱硅的处理手段来降低铁水中的磷、硫含量，为转炉冶炼创造了良好的前提条件。经过多年开发，宝钢铁水在脱硅、脱磷、脱硫三脱处理后，铁水中的硅、磷、硫含量分别可以达到 0.15%、0.025%、0.003%。

转炉冶炼是生产汽车板的关键工序之一，其对钢种磷、氮的控制直接影响了成品钢中这两种杂质元素的水平。此外，还要合理控制钢水的氧含量，为精炼过程钢水脱碳和夹杂物的控制创造良好的条件。开发了低磷、低氮转炉冶炼技术，根据热力学和动力学分析，结合宝钢实际情况，对转炉吹炼工艺进行了不断优化，通过采取三脱铁水、提高转炉吹炼的入炉铁水比、实现大渣量操作、复合吹炼等技术，对磷、氮的控制得到的较大进步。IF 钢中氮的平均水平由 1998 年的 0.0023% 以上下降到 2004 年的 0.0019% 以下（图 8-3），钢中磷可以控制在 0.01% 以下；另外通过对转炉出钢后的钢包渣进行改质处理，提高渣的碱度、降低渣的氧化性，为钢中 T[O] 的合理控制创造条件。

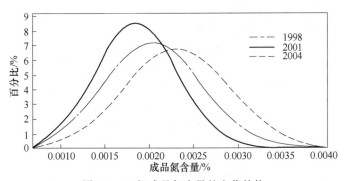

图 8-3　IF 钢成品氮含量的变化趋势

8.2.1.2　炉外精炼

炉外精炼是汽车板生产的重要工序之一，是钢的质量控制的关键工序。通过多年的研究发现，宝钢的炉外精炼过程取得了很大的进步；同时在炉外精炼装备上进行了很大的改进和改造，从 1985 年投产至三期工程结束，引进和自主集成的炉外精炼技术设备有 KST、KIP、CAS-OB、RH-OB、RH-KTB、RH-MFB、IR-UT、LF、VD 等，并开发了相应的工艺技术[9]。这些设备和工艺技术，特别是 RH 真空处理技术对宝钢提高汽车板用钢的质量、生产高级汽车板打下了坚实的基础。为满足钢种和多炉连浇的要求，提高 RH 脱碳速率、缩短脱碳时间是超低碳钢的关键问题。RH 真空循环脱气过程的循环流量可用下式表示：

$$Q = 7.4310^3 G^{1/3} D^{4/3} (\ln p_1/p_2)^{1/3}$$

式中　Q——环流量，kg/min；

　　　G——循环气体流量（标态），m^3/min；

　　　D——浸渍管直径，cm；

　　　p_1——大气压力，torr；

　　　p_2——真空室压力，torr，1torr = 133Pa。

为了提高钢水的环流量，可以通过提高循环气体流量、增大浸渍管直径来实现[10,11]，为此宝钢先后增设了 2 号 RH、3 号 RH，并于 2004 年对 1 号 RH 进行了综合技术改造，扩大浸渍管直径，增加了环流气流量，以满足高速脱碳的要求，表 8-4 为 1 号 RH 改造前后的主要参数。图 8-4 为 1 号 RH 改造前后脱碳能力的比较。

表 8-4　宝钢 1 号 RH 改造前后主要技术参数

项　目	1 号 RH 改造前	1 号 RH 改造后
容量/t·炉$^{-1}$	300	300
浸渍管直径/mm	500	750
提升气体流量（标态）/L·min^{-1}	1000~1400	2000~3000
吹氧类型	OB	BTB
流量（标态）/m^3·h^{-1}	1000~1500	2000~2800
0.5torr 时真空泵能力/kg·h^{-1}	950	1100

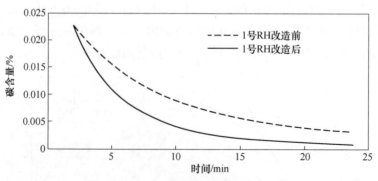

图 8-4　1 号 RH 改造前后脱碳能力比较

8.2.1.3　连铸

连铸工艺技术是汽车板生产过程中的重要环节，连铸板坯表面质量的好坏直接影响到最终冷轧成品钢板的表面质量，为了满足汽车板的高质量需求，宝钢开发了纯净板坯生产技术，其主要包括保护浇铸技术、中间包流场优化、高碱度中间包覆盖剂、超低碳保护渣技术、连铸坯品质异常判定及处置模型等技术[12]。

中间包流场优化方面通过进行水力模拟实验研究和中间包内钢水流动计算机模拟研究，开发了中间包防溅装置，可以改善中间包流体流动特性。最小停留时间可增加30%~50%，峰值时可以增加40%~70%，从而提高了中间包活塞体积分率。去除夹杂物的能力提高了21%~25%。通过在中间包上采用钙镁质涂料和过滤器，可以进一步吸附钢种Al_2O_3夹杂物。

8.2.1.4 高碱度中间包覆盖剂技术

宝钢开发高碱度（$R>4$）连铸中间包覆盖剂对钢水中Al_2O_3有较好的吸附作用，改善了钢水的清洁度，还具有较好的保温效果，可以防止钢水的二次氧化。中间包覆盖剂中的碳含量与钢水中的碳密切相关，随着覆盖剂中碳含量的增加，钢水的增碳加剧，因此必须严格控制覆盖剂中的碳含量。

图8-5为开发的高碱度中间包渣与中间包钢水中$T[O]$关系的现场试验结果。可以看出，使用高碱度中间包覆盖剂可以降低中间包内钢水的$T[O]$。图8-6为该高碱度覆盖剂对钢水增碳的影响，与原覆盖剂相比，碳含量平均可以降低约2ppm。

通过多年来对转炉、精炼、连铸工艺的不断优化，钢水纯净度不断提高，图8-7为近年来IF钢成品全氧含量的变化趋势，中间包钢水全氧含量有1998年的0.005%降到2004年的0.003%以下，同时氧的波动程度也大大减小了。

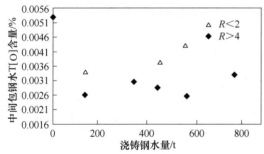

图8-5 中间包覆盖剂碱度与钢水中$T[O]$的关系

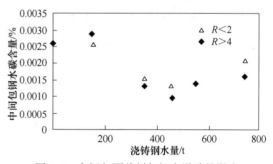

图8-6 中间包覆盖剂与钢水增碳的影响

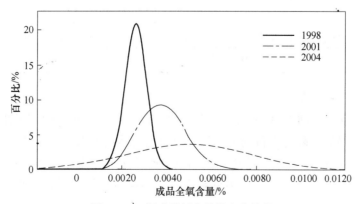

图8-7 IF钢成品氧含量的变化趋势

　　通过对精炼工艺装备技术的优化和生产组织水平的提高，以及对连铸辅材、钢包耐火材料的改进，IF 钢碳含量控制水平取得显著进步。

　　降低保护渣中碳含量（特别是游离碳含量）是避免超低碳钢水增碳的直接、有效方法。此外，适当提高保护渣黏度，渣耗减低、液渣层增加、液渣层中碳向钢液表面扩散速率将降低。因此，提高保护渣黏度对防止增碳是有利的。

8.2.2　40CrMo 汽车用钢生产工艺实践

　　芜湖新兴铸管有限责任公司炼钢部采用 BOF—LF—CC 工艺生产出 42CrMo 含硫汽车用钢[13]。

8.2.2.1　转炉初炼

　　铁水经混铁炉混合后兑入转炉，配加优质废钢冶炼，废钢比为 23.4%。采用挡渣球和红外监测技术出钢，下渣量控制小于 5kg/t，钢包中 C 含量约为 0.3%，控制 $w(P) \leqslant$ 0.15%，出钢温度在 1650℃ 左右。出钢 1/4 时，加入脱氧剂及合金，进行脱氧合金化，同时在钢包中加入白灰和精炼渣进行顶渣变性。

8.2.2.2　精炼工艺

　　精炼过程主要起到脱硫、脱气、升温、去除夹杂物以及微调合金成分等作用。保证 LF 炉进站温度大于 1540℃，钢包精炼就位后加入白灰 3~5kg/t，精炼渣和适量萤石，及时造渣并有效埋弧，防止增氮。确保精炼渣流动性和碱度，要求白渣保持时间为 20min，出站前钢水 Al 含量不低于 0.040%。待 LF 出站前 5min 加入调渣剂（河沙）3.3kg/t，待渣变为玻璃渣（碱度约为 2.5）即可出站。钢包 VD 就位后利用喂线机喂入 Ca 线 2.2m/t，破空后喂入 S 线 1.7m/t，抽真空时间不小于 15min，软吹时间不小于 20min。表 8-5 为 LF 出站时钢包渣成分。

表 8-5　LF 出站钢包渣成分

实验炉次	精炼渣化学成分/%					R
	T. Fe	SiO₂	CaO	Al₂O₃	FeO	
B11594	0.66	19.81	59.2	9.72	0.55	2.698
B11597	0.73	23.07	57.7	9.79	0.41	2.501
B11595	0.6	18.86	59.12	10.33	0.6	2.413
A11573	0.72	22.49	51.98	9.6	0.56	2.311
A11574	0.7	19.23	52.32	10.0	0.43	2.61

8.2.2.3　连铸工艺

　　连铸机开浇保证中间包烘烤温度大于 1000℃，开浇前中间包内部采用氩气置换，浇铸过程采用全程保护浇铸（钢包到中间包、中间包到结晶器保护浇注铸），中间包采用镁质干式振动料振动打结，中间包内型设置挡渣墙改善中间包钢水流场，促进夹杂物上浮，覆盖剂为碱性覆盖剂。连铸机采用多点矫直、恒温恒拉速以及低过热度（不高于 30℃）浇铸工艺。

8.2.3 高品质深冲钢的关键冶金技术

现代汽车工业对冷轧薄板的质量要求是：优良的成型和深冲性能；良好的抗凹陷性能和足够的结构强度；良好的时效性能；高的耐腐蚀性能；良好的焊接性能。高品质深冲钢的关键冶金技术包括：钢中超低碳的冶炼技术；钢中超低氮的冶炼技术；钢中洁净度的控制。

8.2.3.1 钢中超低碳的冶炼技术

冶炼超低碳钢时各阶段脱碳效果及碳含量如图 8-8 所示。

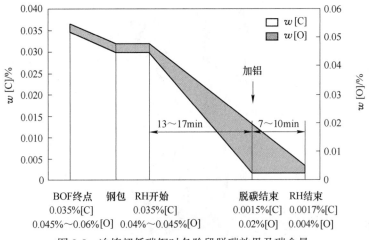

图 8-8 冶炼超低碳钢时各阶段脱碳效果及碳含量

A 转炉冶炼终点的控制

a C-Fe 的选择性氧化平衡点

根据式

$$[C] + [O] \Longrightarrow \{CO\} \tag{8-1}$$

$$[Fe] + [O] \Longrightarrow \{FeO\} \tag{8-2}$$

$$(FeO) + [C] \Longrightarrow [Fe] + \{CO\} \tag{8-3}$$

根据热力学结论：钢液中 C-Fe 的选择性氧化平衡点为 $w[C] = 0.035\%$，也就是说终点 $w[C] < 0.035\%$ 时，钢水的过氧化比较严重，此时熔池中的平衡氧含量为 0.074%。

不同碳含量范围的氧含量见表 8-6。

表 8-6 不同碳含量范围的氧含量

碳含量范围/%	平均 $w[C]$/%	平均 $w[O]_实$/%	过氧化 $w[O]$/%	C-O 积
≤0.025	0.024	0.1133	0.0095	0.0027
0.026~0.03	0.028	0.1086	0.0206	0.0031
0.031~0.035	0.033	0.0972	0.0210	0.0032
0.036~0.04	0.038	0.0862	0.0200	0.0033
0.041~0.05	0.044	0.0702	0.0129	0.0031
>0.05	0.066	0.0573	0.0176	0.0037

b　世界先进企业转炉冶炼的终点碳控制水平

在 IF 钢生产时，日本川崎制钢公司、美国 Inland 钢铁公司和宝钢将转炉冶炼钢液中的碳含量控制在 0.03% ~ 0.04%、氧含量控制在 0.05% ~ 0.065%。

德国 Thyssen 钢铁公司认为转炉冶炼终点钢液的最佳碳含量为 0.03%、最佳氧含量为 0.06。

B　RH 高速脱碳

RH 精炼脱碳示意图如图 8-9 所示。

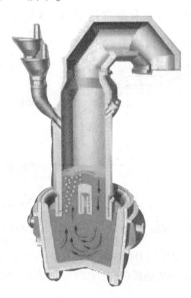

图 8-9　RH 精炼脱碳示意图

RH 真空处理可实现高速脱碳，脱碳速率如下：

$$\mathrm{d}w[\mathrm{C}]/\mathrm{d}[\mathrm{t}] = k_{\mathrm{CO}}(w[\mathrm{C}] - (p_{\mathrm{totol}} - p_{\mathrm{CO}})/kw[\mathrm{O}]) + k_{\mathrm{s}}(w[\mathrm{C}] - p_{\mathrm{totol}}/kw[\mathrm{O}])$$

$$(8\text{-}4)$$

脱碳速率与反应时间的关系如图 8-10 所示。

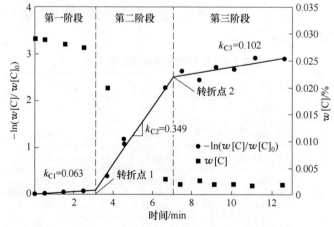

图 8-10　脱碳速率与反应时间的关系

脱碳反应速度的影响因素如下[14]：

（1）第一阶段。

1）压降速度，采取增加真空能力和预抽真空技术；

2）加强搅拌，提高环流速度。

（2）第二阶段（主要反应阶段）。

1）提高环流速度；

2）增加钢中氧含量；

3）提高真空度。

（3）第三阶段（反应在气液界面进行）。

1）提高环流强度；

2）扩大 RH 真空室下部槽面积；

3）RH 真空室下部槽底侧吹 Ar。

RH 处理后钢液增碳原因主要有：RH 真空室内的合金及冷钢增碳；钢包覆盖剂增碳；包衬、长水口等钢包耐火材料增碳；连铸中间包增碳；连铸结晶器保护渣增碳。

8.2.3.2　钢中超低氮的冶炼技术

由于钢液中氮的溶解度大；氧、硫表面活性元素的影响；上升管 Ar 喷管密封等因素导致冶炼过程脱氮困难。超低氮钢冶炼技术总的原则是：炼钢过程最大限度地脱氮；炼钢后严格控制防止钢液增氮。

转炉炼钢常用的降氮措施包括：

（1）高铁水比，控制矿石投入量；

（2）提高氧气纯度，控制炉内为正压；

（3）转炉冶炼后期采用低枪位操作；

（4）提高转炉冶炼终点控制的命中率；

（5）转炉冶炼增加熔剂量，形成厚渣层，隔离大气；

（6）转炉冶炼结束前，向转炉加白云石，防止钢液从大气中吸氮；

此外，铁水三脱预处理、顶底复吹转炉、后期造泡沫渣、减少补吹量、RH 精炼、保护浇铸等均为冶炼超低氮钢的有效措施。

8.2.3.3　高洁净度深冲钢的生产要点

A　铁水预处理

在生产 IF 钢时，必须进行铁水预处理。采用喷吹金属镁和活性石灰对铁水进行脱硫，可以使入炉铁水的硫含量控制在 0.003% 以下。而通过喷吹含镁和 CaC_2，可使入炉铁水的硫含量降至 0.01%。

B　转炉冶炼工序

转炉冶炼工序中洁净钢生产要点包括：

（1）采用顶底复吹转炉进行冶炼，降低转炉冶炼终点钢液和炉渣的氧化性；

（2）减少转炉冶炼过程中的渣量，从而减少出钢出钢过程中的下渣量；

（3）提高转炉冶炼终点炉渣的碱度和 MgO 含量；

（4）实现转炉冶炼动态控制模型，提高转炉冶炼终点钢液碳含量和温度的双命中率；

（5）提高铁水比，入炉铁水的硫含量小于 0.003%；

（6）控制矿石投入量；

（7）转炉冶炼后期增大底部惰性气体流量，加强熔池搅拌；

（8）转炉冶炼后期采用低枪位操作；

（9）将转炉冶炼终点钢液的碳含量有 0.02%~0.03% 增加到 0.03%~0.04%；

（10）采用出钢挡渣技术；

（11）过程不脱氧，只进行锰合金化处理；

（12）采用钢包渣改质技术。

C　RH 真空精炼工序

RH 真空精炼是洁净钢冶炼的关键部分，需要严格控制 RH 真空精炼之前钢液中的碳含量、氧含量和温度。精炼前期需要采取 RH 真空精炼前期吹氧强制脱碳方法，增大 RH 真空脱碳后期的驱动气体流量，增加反应界面，同时应当减少 RH 真空槽冷钢。以杂质元素较少的海绵钛代替钛铁合金也能起到良好的作用。建立合理的 RH 真空精炼过程控制模型，进行 RH 炉气在线分析、动态控制及采用钙处理技术等均是保证钢水洁净度的有效措施。

D　连铸工序

连铸工序中常采用以下措施保证钢水的洁净度：

（1）采用钢包下渣自动检测技术；

（2）加强钢包-长水口之间的密封；

（3）连铸中间包使用之前采用氩气清扫；

（4）提高钢包滑动水口开启成功率；

（5）采用连铸浸入式长水口；

（6）采用大容量连铸中间包，并进行钢液流场优化；

（7）保证连铸中间包内钢液面相对稳定，且高于临界温度；

（8）采用低碳碱性连铸中间包包衬和覆盖剂；

（9）采用低碳高黏度连铸结晶器保护渣；

（10）采用连铸结晶器液面自动控制技术，确保液面波动小于 3mm。

参 考 文 献

[1] 唐荻，江海涛，米振莉，等. 国内冷轧汽车用钢的研发历史、现状及发展趋势 [J]. 鞍钢技术，2010 (1)：1~3.

[2] 赵辉，王先进. 无间隙原子钢的生产与发展 [J]. 钢铁研究，1993 (1)：49~52.

[3] 马衍伟，茹铮，王先进. 超深冲 IF 钢的生产工艺及其技术要点 [J]. 轧钢，1998 (2)：6~9.

[4] 那宝魁，吴克秋. 德国和日本汽车用钢板的质量标准考察 [J]. 轧钢，1997 (2)：55~59.

[5] 宋加. 汽车板及我国汽车板生产现状 [J]. 轧钢，1999 (2)：6~13.

[6] 崔德理，王先进，金山同. 超低碳钢的历史和发展 [J]. 钢铁研究，1994 (5)：50~60.

[7] Suda M, Suitou M, Hasunuma J. The advanced mass production system of ultra low carbon steel at KSC's

Mizushima Work [A]. In: 1992 Steelmaking Conference Proceedings, Toronto [C]. Warrendale: Iron and Steel Society, 1992: 229~232.

[8] 康永林. 现代汽车板的质量控制与成形性 [M]. 北京: 冶金工业出版社, 1999.

[9] 王新华. 不同钢类的 RH 精炼装置和工艺特点分析 [A]. 2007 年全国 RH 精炼技术研讨会文集 [C]. 上海: 中国金属学会, 2007: 7~12.

[10] Kimura H. Advances in high-purity IF steel manufacturing technology. Nippon Steel Technical Report [J]. Nippon Sted Technical Report, 1994 (61): 65~69.

[11] 郑淑国, 朱苗勇, 潘时松. RH 真空精炼装置内夹杂物行为的实验研究 [J]. 金属学报, 2006, 42 (6): 657~661.

[12] Tanizawa K, yamaguchi F, Inaoka K, et al. Influence of the steelmaking process on non-metallic inclusions and product defects [J]. La Metallurgia Italiana, 1992, 84 (1): 17~22.

[13] Bommaraju R, Trump D, Chaubal P, et al. Ladle slag treatment for production of ultra-low carbon steels [A]. In1993 Steelmaking Conference Proceedings, Dallas [C]. Warrendale: Iron and Steel Society, 1993: 457~464.

[14] Miki Y, Thomas B G. Model of inclusion removal during RH degassing of steel [J]. Iron and Steelmaker, 1997, 24 (8): 31~38.